中国编辑学会组编　中国科技之路　中宣部主题出版
航天卷　重点出版物

北斗导航

本卷主编　杨元喜
副主编　卢鋆

卢鋆　张弓　高为广　郭树人　张爽娜　等著

国防工业出版社
·北京·

图书在版编目（CIP）数据

中国科技之路．航天卷．北斗导航／中国编辑学会组编；杨元喜本卷主编．－－北京：国防工业出版社，2022.4（2024.6重印）

ISBN 978-7-118-12505-4

Ⅰ.①中… Ⅱ.①中…②杨… Ⅲ.①技术史－中国－现代②全球定位系统－技术史－中国－现代 Ⅳ.① N092 ② P228.4-092

中国版本图书馆 CIP 数据核字（2022）第 038804 号

内 容 提 要

本书综述了中国自主北斗卫星导航系统的发展历程，并以亮点呈现的方式，展示了北斗关键技术体制、多样化服务集成、应用产业培育和国际化发展等重大科技和应用成果；中国的北斗、世界的北斗、一流的北斗，北斗圆梦全球之路，也展现了自主创新、开放融合、万众一心、追求卓越的新时代北斗精神；展望了未来以北斗系统为基石构建国家综合定位导航授时体系的宏伟发展蓝图，北斗应用将大有可为，北斗时空体系将更加可期。

中国科技之路 航天卷 北斗导航
ZHONGGUO KEJI ZHILU HANGTIAN JUAN BEIDOU DAOHANG

◆ 组　　编　中国编辑学会
　　本卷主编　杨元喜
　　副 主 编　卢 鋆
　　著　　　　卢 鋆　张 弓　高为广　郭树人　张爽娜　等
　　责任编辑　田秀岩　许西安　王京涛
　　责任校对　李娟娟

◆ 国防工业出版社出版发行　北京市海淀区紫竹院南路 23 号
　　邮编　100086
　　网址　www.ndip.cn
　　雅迪云印（天津）科技有限公司印刷

◆ 开本：720×1000　1/16　　印数：8001-11000 册
　　印张：15¾　　　　　　　2022 年 4 月第 1 版
　　字数：189 千字　　　　　2024 年 6 月北京第 4 次印刷

定价：100.00 元
（如有印装质量问题，我社负责调换）

《中国科技之路》编委会

主　任：侯建国　郝振省

副主任：胡国臣　周　谊　郭德征

成　员：（按姓氏笔画排序）

丁　磊	王　辰	王　浩	仝小林	刘　华	刘　柱
刘东黎	孙　聪	严新平	杜　贤	李　涛	杨元喜
杨玉良	肖绪文	宋春生	张卫国	张立科	张守攻
张伯礼	张福锁	陈维江	林　鹏	罗　琦	周　谊
赵　焱	郝振省	胡文瑞	胡乐鸣	胡国臣	胡昌支
咸大庆	侯建国	倪光南	郭德征	蒋兴伟	韩　敏

《中国科技之路》出版工作委员会

主　任： 郭德征

副主任： 李　锋　胡昌支　张立科

成　员：（按姓氏笔画排序）

马爱梅　王　威　朱琳君　刘俊来　李　锋　张立科

郑淮兵　胡昌支　郭德征　颜景辰

审读专家：（按姓氏笔画排序）

马爱梅　王　威　田小川　邢海鹰　刘俊来　许　慧

李　锋　张立科　周　谊　郑淮兵　胡昌支　郭德征

颜　实　颜景辰

航天卷编委会

主　编： 杨元喜

副主编： 卢　鋈

编　委：（按姓氏笔画排序）

卢　鋈　张　弓　张爽娜　高为广　郭树人

做好科学普及，是科学家的责任和使命

中国科技事业在党的领导下，走出了一条中国特色科技创新之路。从革命时期高度重视知识分子工作，到新中国成立后吹响"向科学进军"的号角，到改革开放提出"科学技术是第一生产力"的论断；从进入新世纪深入实施知识创新工程、科教兴国战略、人才强国战略，不断完善国家创新体系、建设创新型国家，到党的十八大后提出创新是第一动力、全面实施创新驱动发展战略、建设世界科技强国，科技事业在党和人民事业中始终具有十分重要的战略地位、发挥了十分重要的战略作用。党的十九大以来，党中央全面分析国际科技创新竞争态势，深入研判国内外发展形势，针对我国科技事业面临的突出问题和挑战，坚持把科技创新摆在国家发展全局的核心位置，全面谋划科技创新工作。通过全社会共同努力，重大创新成果竞相涌现，一些前沿领域开始进入并跑、领跑阶段，科技实力正在从量的积累迈向质的飞跃，从点的突破迈向系统能力提升。

科技兴则民族兴，科技强则国家强。2016年5月30日，习近平总书记在"科技三会"上指出："科技创新、科学普及是实现创新发展的两翼，要把科学普及放在与科技创新同等重要的位置"，希望广大科技工作者以提高全民科学素质为己任，"在全社会推动形成讲科学、爱科学、学科学、用科学的良好氛围，使蕴藏在亿万人民中间的创新智慧充分释放、创新力

量充分涌流"。站在"两个一百年"奋斗目标历史交汇点上，我国正处于加快实现科技自立自强、建设世界科技强国的伟大征程中。在新的发展阶段，做好科学普及、提升公民科学素质、厚植科学文化，既是建设世界科技强国的迫切需要，也是中国科学家义不容辞的社会责任和历史使命。

为此，中国编辑学会组织15家中央级科技出版单位共同策划，邀请各领域院士和专家联合创作了《中国科技之路》科普图书。这套书以习近平新时代中国特色社会主义思想为指导，以反映新中国科技发展成就为重点，以文、图、音频、视频相结合的直观呈现形式为载体，旨在激励全国人民为努力实现中华民族伟大复兴的中国梦而奋斗。《中国科技之路》于2020年列入中宣部主题出版重点出版物选题，分为总览卷、信息卷、交通卷、建筑卷、卫生卷、中医药卷、核工业卷、航天卷、航空卷、石油卷、海洋卷、水利卷、电力卷、农业卷、林草卷共15卷，相关领域的两院院士担任主编，内容兼具权威性和普及性。《中国科技之路》力图展示中国科技发展道路所蕴含的文化自信和创新自信，激励我国科技工作者和广大读者继承与发扬老一辈科学家胸怀祖国、服务人民的优秀品质，不负伟大时代，矢志自立自强，努力在建设科技强国实现复兴伟业的征程中作出更大贡献。

侯建国

中国科学院院士

《中国科技之路》编委会主任

2021年6月

科技开辟崛起之路　　出版见证历史辉煌

2021年是中国共产党百年华诞。百年征程波澜壮阔，回首一路走来，惊涛骇浪中创造出伟大成就；百年未有之大变局，我们正处其中，踏上漫漫征途，书写世界奇迹。如今，站在"两个一百年"的历史交汇点上，"十三五"成就厚重，"十四五"开局起步，全面建设社会主义现代化国家新征程已经启航。面向建设科技强国的伟大目标，科技出版人将与科技工作者一起奋斗前行，我们感到无比荣幸。

2021年3月，习近平总书记在《求是》杂志上发表文章《努力成为世界主要科学中心和创新高地》，他指出："科学技术从来没有像今天这样深刻影响着国家前途命运，从来没有像今天这样深刻影响着人民生活福祉""中国要强盛、要复兴，就一定要大力发展科学技术，努力成为世界主要科学中心和创新高地。我们比历史上任何时期都更接近中华民族伟大复兴的目标，我们比历史上任何时期都更需要建设世界科技强国！"在这样的历史背景下，科学文化、创新文化及其所形成的科普、科学氛围，对于提升国民的现代化素质，对于实施创新驱动发展战略，不仅十分重要，而且迫切需要。

中国编辑学会是精神食粮的生产者，先进文化的传播者，民族素质的培育者，社会文明的建设者。普及科学文化，努力形成创新氛围，让科学理论之弘扬与科学事业之发展同步，让科学文化和科学精神成为主流文化的核心内涵，推出高品位、高质量、可读性强、启发性深的科技出版物，这是一条举足轻重的发展路径，也是我们肩负的光荣使命，更是国际竞争对我们的强烈呼唤。秉持这样的初心，中国编辑学会在2019年7月召开项目论证会，确定以贯彻落实党和国家实施创新驱动发展战略、建设科技强国的重大决策为切入点，编辑出版一套为国家战略所必需、为国民所期待的精品力作，展现我国科技实力，营造浓厚科学文化氛围。随后，中国编辑学会组织了半年多的调研论证，经过数番讨论，几易方案，终于在2020年年初决定由中国编辑学会主持策划，由学会科技读物编辑专业委员会具体实施，组织人民邮电出版社、科学出版社、中国水利水电出版社等15家出版社共同打造《中国科技之路》，以此向中国共产党成立100周年献礼。2020年6月，《中国科技之路》入选中宣部2020年主题出版重点出版物。

《中国科技之路》以在中国共产党领导下，我国科技事业壮丽辉煌的发展历程、主要成就、关键节点和历史意义为主题，全面展示我国取得的重大科技成果，系统总结我国科技发展的历史经验，普及科技知识，传递科学精神，为未来的发展路径提供重要启示。《中国科技之路》服务党和国家工作大局，站在民族复兴的高度，选择与国计民生息息相关的方向，呈现我国各行业有代表性的高精尖科研成果，共计15卷，包括总览卷、信息卷、交通卷、建筑卷、卫生卷、中医药卷、核工业卷、航天卷、航空卷、石油卷、海洋卷、水利卷、电力卷、农业卷和林草卷。

今天中国的科技腾飞、国泰民安举世瞩目，那是从烈火中锻来、向薄冰上履过，其背后蕴藏的自力更生、不懈创新的故事更值得点赞。特别是在当今世界，实施创新驱动发展战略决定着中华民族前途命运，全党全社会都在不断加深认识科技创新的巨大作用，把创新驱动发展作为面向未来的一项重大战略。基于这样的认识，《中国科技之路》充分梳理挖掘历史资料，在内容结构上既反映科技领域的发展概况，又聚焦有重大影响力的技术亮点，既展示重大成果、科技之美，又讲述背后的奋斗故事、历史经验。从某种意义上来说，《中国科技之路》是一部奋斗故事集，它由诸多勇攀高峰的科研人员主笔书写，浸透着科技的力量，饱含着爱国的热情，其贯穿的科学精神将长存在历史的长河中。这就是"中国力量"的魂魄和标志！

《中国科技之路》的出版单位都是中央级科技类出版社，阵容强大；各卷均由中国科学院院士或者中国工程院院士担任主编，作者权威。我们专门邀请了著名科技出版专家、中国出版协会原副主席周谊同志以及相关领导和专家作为策划，进行总体设计，并实施全程指导。我们还成立了《中国科技之路》编委会和出版工作委员会，组织召开了20多次线上、线下的讨论会、论证会、审稿会。诸位专家、学者，以及15家出版社的总编辑（或社长）和他们带领的骨干编辑们，以极大的热情投入到图书的创作和出版工作中来。另外，《中国科技之路》的制作融文、图、音频、视频、动画等于一体，我们期望以现代技术手段，用创新的表现手法，最大限度地提升读者的阅读体验，并将之转化成深邃磅礴的科技力量。

2016年5月，习近平总书记在哲学社会科学工作座谈会上发表讲话指出，自古以来，我国知识分子就有"为天地立心，为生民立命，为往圣继绝学，为万世开太平"的志向和传统。为世界确立文化价值，为人民提供幸福保障，传承文明创造的成果，开辟永久和平的社会愿景，这也是历史赋予我们出版工作者的光荣使命。科技出版是科学技术的同行者，也是其重要的组成部分。我们以初心发力，满含出版情怀，聚合15家出版社的力量，组建科技出版国家队，把科学家、技术专家凝聚在一起，真诚而深入地合作，精心打造了《中国科技之路》，旨在服务党和国家的创新发展战略，传播中国特色社会主义道路的有益经验，激发全党、全国人民科研创新热情，为实现中华民族伟大复兴的中国梦提供坚强有力的科技文化支撑。让我们以更基础更广泛更深厚的文化自信，在中国特色社会主义文化发展道路上阔步前进！

中国编辑学会会长
《中国科技之路》编委会主任
2021年6月

本卷序一

人类探索和利用时空信息的脚步从来没有停歇过，卫星导航开辟了人们更高效、更精确利用时空信息的新时代。中国北斗卫星导航事业的发展经历了波澜壮阔、气势磅礴的发展历程。几十年来，我国北斗导航的决策者、研究者和建设者为发展中国自主重大战略性时空基础设施付出了巨大努力，北斗系统从无到有、从有到优、从优到强，实现创新跨越发展，取得了举世瞩目的辉煌成就。

凡是过往，皆为序章。在北斗系统全面建成迈进全球服务新时代之际，北斗系统的专家和科研人员觉得很有必要把工程建设、应用服务和国际合作等工作实践和亮点进行系统梳理，全方位、多维度展现北斗系统科技创新取得的重大成果，弘扬"自主创新、开放融合、万众一心、追求卓越"的新时代北斗精神，普及北斗系统、技术与应用等方面的知识，激发大众探索与创新热情，也为参与者、实践者、见证者留下宝贵的经验和知识财富。

在各位作者的努力下，《北斗导航》得以出版，这是一件十分可喜可贺的大事。特别是 2021 年是中国共产党建党一百周年，北斗导航星耀全球，借本书的出版为建党献礼，可谓正当其时。本书由北斗系统研制建设的亲历者、实践者们编写，他们当中有许多人和我一起共同为北斗系统的建设发展奋斗过，从年轻的工程师成长为卫星导航领域的领军专家和中坚力量，他们在国家重大工程创新实践中取得了巨大成就并积累了丰富经验。相信本书的出版，能够让从事这方面工作的工程师、管理者、在校师生以及社会大众更好地认识和了解北斗导航技术和应用，促进北斗导航更好地服务全球、服务社会、服务人民。

我从事北斗导航论证和建设工作近三十年，深为中国卫星导航事业发展取得的成就感到欣慰，也仍愿意为北斗无限美好的未来思考和努力。

仰望星空，北斗璀璨；脚踏实地，行稳致远。未来，我们还将建设更加泛在、更加融合、更加智能的北斗综合时空体系，北斗的明天会更好。

2021 年 6 月

本卷序二

北斗卫星导航系统是我国着眼于国家安全和经济社会发展需要，自主建设、独立运行的卫星导航系统，是可为全球用户提供全天时、全天候、高精度定位、导航和授时服务的国家重大战略性空间信息基础设施。20 世纪 80 年代，陈芳允院士创造性提出双星定位构想，我国建设自主卫星导航系统的伟大梦想从此起航。1994 年，北斗一号正式立项，2000 年，北斗一号系统建成并对内提供服务，我国卫星导航系统实现从无到有重大突破。2012 年，北斗二号系统建成，向亚太地区提供服务；2020 年，北斗三号全球系统建成，向全球提供服务。

看似寻常最奇崛，成如容易却艰辛。几十年来，几代北斗人不忘初心、赓续奋斗，秉承"中国的北斗、世界的北斗、一流的北斗"发展理念，践行"自主创新、开放融合、万众一心、追求卓越"的新时代北斗精神，圆满实现北斗从无源到有源、从区域到全球分步走发展的战略目标。北斗人创新实践，接连攻克以混合星座、星间链路、导航信号、特色服务为代表的多项核心关键技术与世界级难题，实现核心器部件全部国产化，北斗成为我国迄今为止规模最大、覆盖范围最广、性能要求最高、与百姓生活关联最紧密的巨型复杂航天系统。

得益于改革开放以来综合国力不断增强、经济持续稳定发展和科技创新能力大幅提升，北斗导航圆梦全球，成为我国实施改革开放40余年来取得的重要成就之一。北斗已广泛应用于国民经济和社会发展各个领域，进入各行各业，走入千家万户，产生显著的经济和社会效益。北斗也是我国为全球公共服务基础设施建设作出的重大贡献，已为包括"一带一路"沿线国家和地区在内的全球用户提供精准优质的服务，其应用产品输出到全球半数以上国家，成为闪亮的国家名片，对推进我国社会主义现代化建设和推动构建人类命运共同体具有重大而深远的意义。

站在新的历史起点，北斗人将不忘初心、接续奋斗，擘画中国北斗的新蓝图、新发展。2035年前，将以北斗系统为核心，建设完善更加泛在、更加融合、更加智能的国家综合定位导航授时体系，我们愿与世界各国共享建设发展成果，为服务全球、造福人类贡献新的中国智慧和力量。

本书从科学原理、技术方法、应用服务、国际化发展等多方面系统讲述了北斗的发展进程和成就，有理论、有数据，有案例、有故事。本书以朴实的语言、严谨的描述、翔实的内容，生动形象说明了北斗其实离大家并不远，北斗卫星远在天边，北斗应用近在眼前，它早已进入、影响并且有力地改变着我们的生活。本书内容精准权威、通俗易懂，同时采用多种媒体形式，阐述生动，不仅对卫星导航领域专业人员具有重要的参考价值，也有助于公众更好地了解北斗系统，认识北斗系统，使用北斗系统，更好地享受北斗带来的服务。

2021年6月

本卷前言

历经 30 余年的发展，北斗卫星导航系统在 2020 年圆满完成全球组网，正式提供全球服务。北斗卫星导航系统作为大国重器，它的建成改变了我国卫星导航服务受制于人的历史，意义非凡。凭借着创新的设计、丰富的功能、卓越的性能，中国的北斗已经成为世界的北斗，一流的北斗。

在 2016 年召开的"科技三会"上，习近平总书记发表重要讲话："科技创新、科学普及是实现创新发展的两翼，要把科学普及放在与科技创新同等重要的位置。"作为北斗导航队伍中的科技工作者，开展北斗导航科普活动，努力传播北斗导航的科学知识是我们的责任与使命。本书是一本关于北斗导航的科普书，包括国内外卫星导航的发展历程、北斗星座、星间链路、导航信号、北斗服务、卫星发射场及测控网、自主可控、应用产业、国际合作、未来展望等内容，旨在通过简单的语言让更多的读者认识北斗、了解北斗、应用北斗，也为相关学者提供北斗系统基础信息参考。

全书各部分内容如下：

概述部分介绍了从司南到卫星导航的演变过程、世界卫星导航的发展历史，以及我国北斗导航的发展历程。

"独具特色的北斗导航星座"介绍了北斗卫星导航系统的各类型卫星、星座构型及特点，并与世界卫星导航

音频前言

星座的情况进行对比，凸显了北斗系统世界首创混合星座的独特优势。

"'手拉手'的星间链路"介绍了什么是星间链路，星间链路是如何工作的，以及依靠星间链路实现自主运行、全球服务的原理。星间链路是北斗全球服务的制胜法宝。

"导航信号——卫星与用户的纽带"介绍了卫星导航信号的三要素以及人们是如何接收信号实现导航服务的，展现了北斗信号一流的质量和服务。

"技能满格的北斗"深入阐述了北斗系统的定位导航授时服务、独特的短报文服务、星基增强服务、国际搜救服务、精密单点定位服务等各类服务的原理及服务能力，北斗卫星导航系统正是凭借着多样化的服务成为了世界上功能最强大的系统。

"规模浩大的北斗工程"介绍了北斗卫星的功能、将卫星送入轨道的长三甲系列金牌火箭、发射北斗卫星的西昌卫星发射中心、陆海天全覆盖的卫星测控大网以及北斗创造的全球组网速度世界纪录。

"大国重器，自主可控"讲述了北斗星上器部件、单机以及北斗应用核心芯片实现100%自主可控过程中的艰辛历程。

"北斗应用只受想象力的限制"通过列举多个北斗应用实例以及北斗在24时中每时每刻的典型应用，为读者展现了北斗在各行各业和大众消费领域无时不在无处不在的应用现状。

"北斗走向世界"从北斗的频率轨位资源、北斗与世界其他卫星导航系统的兼容互操作协调、北斗纳入国际标准等多个方面介绍了北斗国际化发展的情况。北斗合作伙伴遍布全球，北斗服务惠及全球，北斗产品输出全球。

"梦想不止于此"描述了北斗系统应用前景，展望了北斗综合时空体系发展的架构。北斗发展之梦不止于此，北斗应用大有可为，北斗时空体系未来更加可期。

《北斗导航》作为中国科技之路丛书中的重要一册，作者深感责任重大。书稿从确定提纲到最终交付，经过了杨元喜院士的几核几改，在此对杨元喜院士表达最衷心的感谢！

本书由卢鋆、张弓、高为广、郭树人、张爽娜等撰写，其中第1章由卢鋆、张弓、张爽娜、杜娟、郭夏、耿润森撰写，第2章由胡敏、王威、张爽娜撰写，第3章由张弓、张爽娜、郭树人、李罡撰写，第4章由王雪、宿晨庚、张爽娜撰写，第5章由申建华、刘成、田丽、高为广撰写，第6章由卢鋆、张弓、田丽撰写，第7章由卢鋆、张弓、高为广、郭树人撰写，第8章由申建华、田丽、高为广、郭树人撰写，第9章由杜娟、陈颖、耿润森、田丽撰写，第10章由卢鋆、张弓、申建华、张爽娜、高为广、郭树人撰写。卢鋆拟定了全书编写提纲、各章编写思路以及编写要点，全书由田丽整理。

本书的出版得到了国防工业出版社策划编辑团队的大力支持，在此对他们以及所有参与编辑、校对和录入工作的人员表示感谢。

鉴于本书涉及内容广泛，编者水平有限，不妥之处在所难免，敬请同行专家和读者不吝指正。

作者

2021年2月

于北京

VR

H5

沙画

音频
（免费试听版）

视频

目录

做好科学普及，是科学家的责任和使命 / 侯建国   i

科技开辟崛起之路　出版见证历史辉煌 / 郝振省   iii

本卷序一 / 孙家栋   vii

本卷序二 / 杨元喜   ix

本卷前言 / 本卷编委会   xi

第一篇
北斗之路发展纵览

一、概述   2
  （一）从司南到北斗   2
  （二）世界卫星导航发展历程   7
  （三）中国的北斗，世界的北斗，一流的北斗   15

第二篇
世界一流的北斗导航

二、独具特色的北斗导航星座   28
  （一）卫星的"跑道"与星座   28

(二) 世界卫星导航星座设计大盘点 　　34

(三) 遵守秩序的北斗卫星星座 　　37

(四) 北斗星座彰显中国智慧 　　44

(五) 北斗星座对世界的贡献 　　46

三、"手拉手"的星间链路　　50

(一) 星间链路——浩瀚星河的太空桥梁 　　50

(二) 北斗全球服务的制胜法宝 　　58

(三) 地面托管时的星座自主运行 　　64

(四) 未来星间链路发展展望 　　66

四、导航信号——卫星与用户的纽带　　69

(一) 导航信号的三要素 　　69

(二) 导航信号的产生 　　72

(三) 自主创新、兼容共用的北斗信号 　　76

(四) 比肩全球的北斗信号性能 　　83

五、技能满格的北斗　　90

(一) 定位导航授时服务——能力世界一流 　　90

(二) 短报文通信服务——北斗独门秘笈 　　96

(三) 星基增强服务——精度和完好性，一个也不能少 　　101

(四) 国际搜救服务——生命的守护神 　　105

(五) 高精度服务——对精度精益求精 　　108

六、规模浩大的北斗工程　　116

(一) 功能强大的北斗星 　　116

(二) 长征三号金牌火箭 　　118

(三) 托举北斗的西昌发射场 　　123

（四）陆海天全覆盖的测控大网　　127
（五）北斗全球组网的世界纪录　　132

七、大国重器，自主可控　　136
（一）星上核心元器件和单机 100% 自主可控　　137
（二）星载原子钟中国创造的故事　　142
（三）北斗应用的全产业链　　144
（四）纳米时代的"中国芯"　　149

八、北斗应用只受想象力的限制　　157
（一）北斗惠及各行各业　　157
（二）北斗飞入寻常百姓家　　171
（三）北斗应用二十四小时　　174

九、北斗走向世界　　179
（一）拓展空间频率轨位资源　　179
（二）共建全球卫星导航大家庭　　182
（三）全球朋友圈不断扩大　　190
（四）积极进入国际标准　　193

第三篇
时空服务赋能未来

十、梦想不止于此　　198
（一）应用大有可为——北斗赋能新应用、新产业　　199
（二）未来更加可期——构建综合 PNT 体系　　208

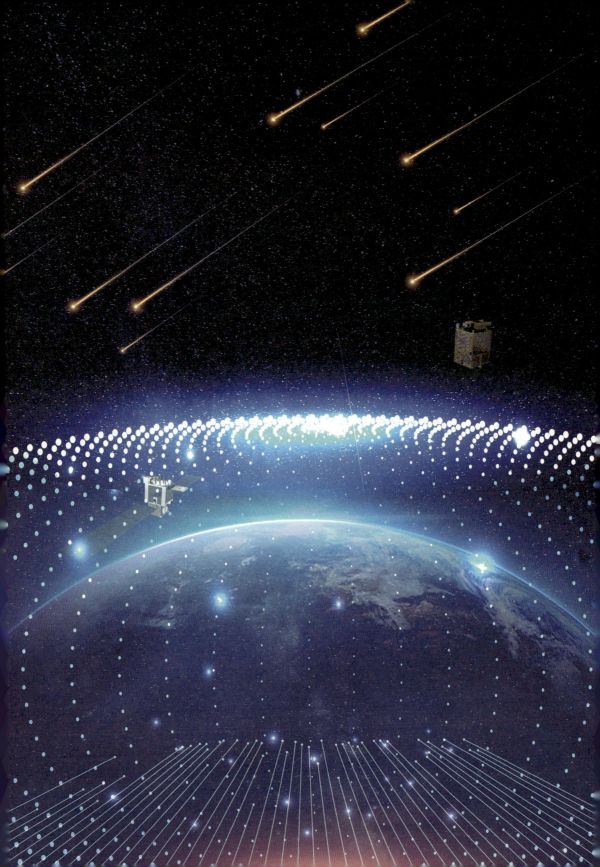

第一篇 北斗之路发展纵览

一、概述

北斗卫星导航系统,是我国独立建设、自主运行的全球卫星导航系统。它以渐进的发展路线、特色的服务功能和高精度的服务质量闪亮在国际卫星导航舞台。博览古今,我国导航技术经历了漫长的探索过程,从"北斗七星"寻找北极星开始,到最早的导航仪器司南,再到现代不可或缺的北斗卫星,每一种导航手段的诞生都凝聚了中华民族的智慧,对人类文明进步做出了重要贡献。

(一)从司南到北斗

导航是一项古老而现代、传统而新兴的技术,伴随着人类历史发展和技术进步不断演进。什么是导航呢?导,引也,义即引导、指明方向;航,船也,义即航行、飞行,合在一起就是引导船舶航行。在英语中,"navigation

音频 1.1 节

(导航)"一词起源于拉丁语,前缀"nav"来源于拉丁语"navis",意思是"ship(船)",词根来源于拉丁动词"agere",意思是"to drive(驾车)",合在一起就是"驾驶船舶航行"。图 1-1 是我们现在经常使用的导航。

我叫小北

我们的祖先在漫天璀璨的繁星中,认识了著名的北斗七星,通过它们能找到北极星,确定方向,如图 1-2 所示,这也就是常说的"观星辨向"。

第一篇 北斗之路发展纵览

导航发展历程

北斗七星（视频）

北斗七星（沙画）

图1-1 导航的概念

图1-2 北斗七星随季节和时间变化方位

东汉时期我国成功地用磁铁石打磨出了可以指引方向的工具，这便是最早的导航仪器——司南，如图1-3所示。有了导航仪器，很大程度上解决了靠天吃饭的"观星辨向"。

随后，中国人把有磁性的薄铁皮放在水里发明了司南鱼，进而又用人工磁铁做成薄薄的针，这种针就是我国古代四大发明之一——指南针。指南针经阿拉伯传到了欧洲，开启了波澜壮阔的大航海时代。同一时期，郑和利用"牵星过洋术"和罗盘针等机械仪表确定船队纬度，推算航行方向，最终完成了七下西洋的壮举。

秒懂司南

司南

图 1-3　指南针的前生——司南

20 世纪初，出现了以无线电为媒介的无线电导航和不依赖于外部测量手段的惯性导航，标志着导航技术进入近代。1957 年 10 月，苏联成功发射世界上第一颗人造地球卫星——"斯普特尼克一号"（Sputnik-1），如图 1-4 所示，开启了空间探索时代。美国发现，通过位置已知的地面站跟踪检测 Sputnik-1 发射的信号，可以描绘出卫星信号的多普勒频移曲线，进而确定卫星轨道。其后又提出了逆命题，如果卫星轨道已知，测量多普勒频移的接收机可反过来推算其在地球上的位置。基于这一思想，诞生了第一个卫星导航系统（子午仪），由此开启了无线电导航系统的太空时代——卫星导航时代。

（1）卫星导航系统是什么？基于无线电导航的原理，如果把导航台"搬到"太空，以卫星为时间和空间参考完成定位导航，便实现了卫星导航。

想象如果你要去某个地方，一定会先确认："我在哪？要去哪？"因此，确定位置是导航需要解决的首要问题，这就是卫星导航系统中"定位"的概念。通常采用基于经度、纬度的地理位置网格系统来描述地球表面位置，如图 1-5 所示。

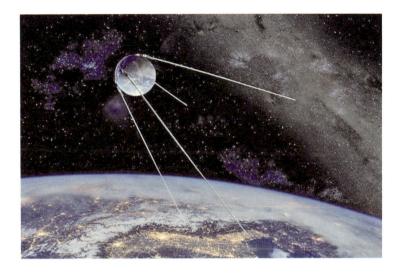

图 1-4 Sputnik-1 卫星

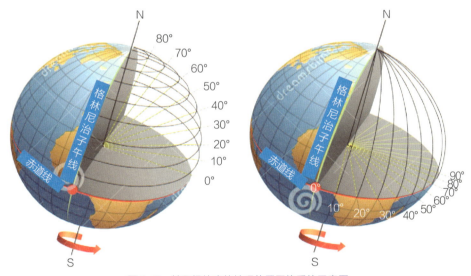

图 1-5 基于经纬度的地理位置网格系统示意图

卫星导航定位的几何原理是"三球交汇原理",即测量用户到三个已知点的距离就可以确定位置。卫星导航系统,由空间段、地面段和用户段组成,共同完成定位导航授时,

位置网格系统

如图 1-6 所示。

图 1-6　卫星导航系统组成

（2）今天，卫星导航已经成为实现高精度、全天时、全天候、实时、陆海空天一体定位的最佳手段，也是应用最为广泛的导航系统。

卫星导航具有统一、精确、易用、价廉等独特优势：陆海空天全域覆盖，提供统一时空下的位置、速度和时间；精度高，实时定位精度 10m，授时精度数十纳秒；为方便使用，可以以芯片形式嵌入手机、车载导航仪等终端；价廉物美，消费类芯片成本不超过十元。这种定位、导航、授时服务如同水、电、气、网络一样不可或缺，如果卫星导航中断，飞机、汽车、轮船会找不到航路，电信、金融、电力会陷入混乱，我们的生产生活也会杂乱无序。

（3）卫星导航系统是现代科技的集大成。卫星导航系统科技含量高、研制周期长、技术难度大、组网部署风险大，是一个国家综合国力的象征。卫星导航系统的设计研制、试验验证、组批生产、密集发射、长期稳定运行等涉及一系列高精尖技术，需要强大的航天科技能力支撑。对于一般航天任务，卫星上天就成功了，而卫星导航系统不是，需要几十颗卫星组网，星地一体化运行，涉及相对论、量子力学等现代物理学的方方面面，其复杂性和难度显而易见。不仅如此，系统建成也只是一个起点，更重要的是维持长期连续稳定运行，十年乃至数十年服务不中断，这是空间信息基础设施提供服务的重中之重。图1-7为北斗标识。

图1-7 北斗标识

（二）世界卫星导航发展历程

自卫星无线电导航登上历史舞台，至今已走过了60多年的发展历程。

音频1.2～1.3节

（1）20世纪50年代到20世纪90年代，美国先后建成子午仪卫星导航系统和GPS，苏联建成"蝉"（Cicada）和格洛纳斯系统，美俄不断争锋，北斗开始萌芽，双星定位设想孕育中国卫星导航梦想，奠定了北斗一号基础。之后，格洛纳斯系统因卫星在轨寿命短和俄罗斯国内经济衰退等原因几近崩溃，美国 GPS 一超独霸。

（2）21 世纪的第一个十年，俄罗斯恢复重建格洛纳斯系统并实施现代化计划；其间，中欧也纷纷开始建设部署卫星导航系统，日印区域系统也启动建设；北斗一号到北斗二号，逐步走出国门、服务亚太。

（3）21 世纪的第二个十年，世界卫星导航系统呈多极化发展态势，北斗系统完成全球组网建设，用 20 多年跨越了美俄近 50 年的发展历程，已成为世界卫星导航领域的核心力量之一。

各卫星导航系统发展历程如图 1-8 所示。

图 1-8　各卫星导航系统发展历程

1. 美国 GPS：力保全球主导领先

美国防部 1973 年开始筹建 GPS，1995 年宣布 GPS 正式全面运行。1998 年美副总统戈尔宣布启动 GPS 现代化计划。2005 年至 2009 年，美国发射 8 颗 Block IIR-M 卫星（Block IIR 的现代化改进卫星），提升 GPS 的民用和军用性能，完成了现代化计划第一阶段任务；2010 年至 2016 年，美国发射12颗Block IIF卫星（现代化改进卫星的升级版），增加了面向生命安全用户的L5信号并进一步提升卫星的精度，完成了现代化计划第二阶段任务。目前，美国正在实施现代化计划第三阶段任务，即GPS III的发射部署。美国卫星导航系统发展历程如图1-9所示。

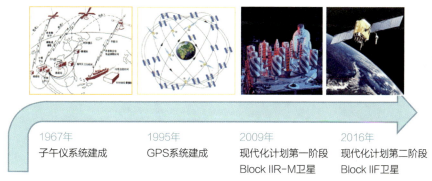

1967年　子午仪系统建成
1995年　GPS系统建成
2009年　现代化计划第一阶段 Block IIR-M卫星
2016年　现代化计划第二阶段 Block IIF卫星

图1-9　美国卫星导航系统发展历程

2. 俄罗斯格洛纳斯：发展历程跌宕起伏

1976年苏联启动建设与GPS类似的格洛纳斯（GLONASS），1996年格洛纳斯正式建成。1996年起，因俄罗斯经济乏力且早期卫星寿命短等原因，系统性能衰退，一度处于崩溃的边缘，到2000年仅有7颗卫星在轨工作。2003年俄罗斯开始重建格洛纳斯，至2011年重新实现全球覆盖，完成恢复重建。此后，俄罗斯开始对系统全面现代化升级，卫星按照格洛纳斯-M、格洛纳斯-K、格洛纳斯-K2系列不断更新换代，目前，已有两颗格洛纳斯-K卫星在轨。俄罗斯卫星导航系统发展历程如图1-10所示。

3. 欧洲伽利略：不顾阻挠自主建设

1999年，欧洲不顾美国百般阻挠，发起了"伽利略（Galileo）计划"。2002年，计划全面启动，由欧洲委员会和欧空局共同负责。2016年12

月，宣布伽利略具备初始运行能力。2019年7月11日，伽利略因精密时间设施故障导致服务中断，广播星历停止更新，系统直至7月16日才恢复正常。伽利略原计划于2020年完成30颗MEO卫星组网，但因进展较为滞后，目前在轨卫星共26颗（在轨服务卫星22颗）。伽利略发展历程如图1-11所示。

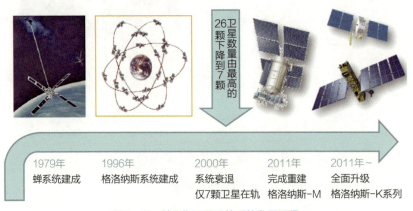

图1-10 俄罗斯卫星导航系统发展历程

图1-11 欧洲卫星导航系统发展历程

4. 我国北斗系统：迅速崛起跨越发展

（1）灯塔计划是我国卫星导航的先驱工程。20世纪60年代末，我国提出"灯塔计划"(图1-12),开始了卫星导航十余年的潜心研究,但最终因技术方案调整、经济财力不足等原因,未能实施。虽该计划搁浅,但我国从未停止对卫星导航的探索与追寻,该计划像黑夜中的一盏明灯,为我国后续卫星导航发展指引着方向,为后来实施的北斗工程积累了宝贵经验。

图 1-12　我国卫星导航先驱工程——灯塔计划

图 1-13　双星通信定位设想的提出者——陈芳允院士

(2)双星通信定位设想与演示验证奠定北斗的基础。1983年,我国"两弹一星功勋奖章"获得者、国家"863计划"的主要提出者陈芳允院士(图1-13)提出双星通信定位设想。该设想是利用两颗地球同步轨道卫星进行定位导航。陈院士带领课题组研制双星定位通信系统,开展理论研究、体制探索和技术攻关,并于1989年利用两颗通信卫星成功进行了演示验证,实现了快速定位、通信、授时,为北斗一号启动实施奠定了重要基础。

灯塔计划和双星通信

(3)北斗一号——解决有无。1994年,"北斗一号卫星定位工程"正式立项;2000年,北斗一号两颗卫星成功发射,系统正式建成并投入使用。这标志着我国成为继美、俄之后世界上第三个拥有卫星导航系统的国家。GPS 只能知道"我在哪里",北斗一号巧妙地设计了双向短报文通信功能,不仅知道"我在哪里",还能让别人知道"你在哪里",这种通导一体化的设计,是北斗的独创。

北斗一号采用有源定位体制,符合当时的国情,用最小的代价解决了卫星导航系统的有无,只需要两颗卫星,并独具定位、授时、报文通信与位置报告能力,充分体现了"省""好"。

(4)北斗二号——服务亚太。1998 年,在北斗一号即将建成之际,我国启动了北斗二号的论证。在此期间,围绕我国卫星导航系统的发展路径,产生了激烈的争论和碰撞。通常的经验告诉我们,北斗应借鉴美俄已经验证过的成熟的发展模式,直接建设全球系统。但是经过论证,得出一个结论:美俄卫星导航系统发展路线,并不适合中国国情。一是当时我国经济基础薄弱,航天技术水平也相对较低。二是发射 MEO 卫星完成全球组网要求在海外建站,而由于国土限制和政治因素,尚不具备这个条件。于是,北斗提出一种不同于美俄的全新思路:先建设区域系统,保障中国及亚太区域导航需求;在此基础上,条件成熟时,再进一步建设全球系统。

(5)北斗三号——覆盖全球。2009 年,北斗三号工程启动,系统建成后服务范围覆盖全球,可面向全球用户提供全天候、全天时、高精度、高可靠的定位、导航、授时服务。

中国北斗系统发展历程,如图 1-14 所示。从北斗一号的双星定位,到北斗二号的混合星座设计,再到北斗三号的星间链路创新设计,中国北斗既向世界学习,又勇于另辟蹊径。北斗的字典里没有墨守成规,一旦认准了正确的道路,虽千万人吾往矣。自主创新,追求卓越,这就是北斗走出的一条具有中国特色、充满中国智慧的北斗发展之路,这条路走到今天,是正确的,更是成功的。

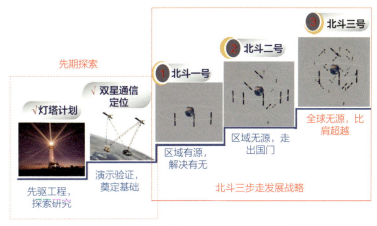

图 1-14 中国北斗卫星导航系统发展历程

"在我经历的航天任务当中,北斗系统确实是最复杂的。"

——孙家栋

"卫星导航的诞生彻底改变了这个世界。GPS,我们耳熟能详。在这个改变中,中国不是旁观者,而是践行者,更是创新者。"

——2017 年北斗被第四届世界互联网大会授予领先科技成果

5. 日印区域系统：塑造区域优势地位

为提升区域大国地位,不依靠 GPS 提供导航定位服务,印度空间研究组织开始研制独立的区域卫星导航系统(IRNSS)。2006 年 5 月,印度正式批准实施 IRNSS 项目。2013 年 7 月,成功发射第 1 颗导航卫星(IRNSS-1A),2016 年 4 月 28 日,第 7 颗卫星 IRNSS-1G 发射成功,区域系统建设完成。随后,IRNSS 改名为印度导航星座系统(NavIC),开始提供区域服务,可覆盖印度及整个南亚地区。NavIC 发展历程如图 1-15 所示。

北斗系统的"三步走"

图 1-15　印度卫星导航系统发展历程

2002年，日本正式宣布开发和建设准天顶卫星系统（QZSS），为日本及周边地区的导航定位、应急通信等提供新的技术手段。QZSS 系统经历了多次调整，从最初的以增强 GPS 系统服务为目标，逐步发展到以增强 GPS 服务为主、兼顾自主导航能力，到目前的增强 GPS 服务与提供自主导航服务并举。首颗 QZS-1 卫星于 2010 年 9 月成功发射，2017 年，另外 3 颗 QZSS 卫星完成研制并成功发射。2018 年 11 月，日本宣布建成第一阶段 4 颗卫星组成的星座，正式运行并提供公开服务，覆盖亚洲和大洋洲地区。QZSS 发展历程如图 1-16 所示。

图 1-16　日本卫星导航系统发展历程

6. 群星璀璨：全球卫星导航新时代

21世纪第二个十年见证了卫星导航系统发展的不断加速。在这十年中，格洛纳斯完全复苏；GPS完成了现代化计划第一阶段和第二阶段，并开始了全新的GPS III部署；日本QZSS、印度NavIC开始提供区域服务；中国北斗、欧洲伽利略开始提供全球服务。世界卫星导航从GPS一超独霸走向多极化发展新时代。

目前，全球在轨运行服务的导航卫星共有近140颗，如表1-1所列。我们正处在一个群星璀璨的导航时代，在全球任何一个户外地点上，都可以观测到几十颗导航卫星，我们能享受的定位导航服务无比快捷、方便。

表1-1 全球导航卫星数量统计

各系统在轨运行服务卫星数量	
GPS	31颗
格洛纳斯	27颗
伽利略	22颗
北斗二号	17颗
北斗三号	30颗
印度区域导航卫星系统	7颗
准天顶卫星系统	4颗
合计	138颗

（三）中国的北斗，世界的北斗，一流的北斗

2000年至今，我国在西昌卫星发射中心，用长征三号系列运载火箭44次圆满成功的表现，将59颗北斗导航卫星送入太空，发射成功率

北斗卫星发射一览表

100%，赢得了世界的喝彩，如表 1-2 所列。北斗系统高密度、高成功率组网发射，是中国精神、中国速度、中国质量创造的世界奇迹。图 1-17 为长征三号系列火箭，图 1-18 最后一颗组网星发射瞬间。

表 1-2　北斗卫星发射一览表（详见二维码）

系统	卫星	发射时间	运载火箭	轨道
北斗一号	第 1 颗北斗导航试验卫星	2000.10.31	CZ-3A	GEO
北斗一号	第 2 颗北斗导航试验卫星	2000.12.21	CZ-3A	GEO
⋮	⋮	⋮	⋮	⋮
北斗二号	第 1 颗北斗导航卫星	2007.04.14	CZ-3A	MEO
北斗二号	第 2 颗北斗导航卫星	2009.04.15	CZ-3C	GEO
⋮	⋮	⋮	⋮	⋮
北斗三号	第 17 颗北斗导航卫星	2015.03.30	CZ-3C	IGSO
北斗三号	第 18、19 颗北斗导航卫星	2015.07.25	CZ-3B	MEO
⋮	⋮	⋮	⋮	⋮

图 1-17　托举北斗的长征三号系列火箭

图 1-18 北斗三号最后一颗组网星发射瞬间

1. 自力更生建北斗

在 1991 年的"海湾战争"中,美国凭借 GPS 技术,在面对伊拉克时占据压倒性优势。GPS 仿佛"上帝之眼"实现了整个战场态势从宏观到微观上的精准把握,可谓震撼亮相技惊世界。透过"海湾战争",世界深刻认识到 GPS 全方位、各领域的广泛应用,可以说没有卫星导航系统,就没有现代战争主动权。

(1)登山的保险绳不能掌握在别人手中。卫星导航系统是国家重大战略性空间信息基础设施,关系到国家安全和经济社会发展,代表着一个国家工业基础、空间技术的实力,也反映了国家航天发展水平,中国人必须依靠自己的力量建设"北斗",这是国家的抉择,更是北斗人的使命。

(2)大国重器,自主可控。自北斗工程立项以来,大胆使用国产化产品,理念上的创新,观念上的转变,为北斗自主可控提供了优质土壤,经过几十年努力实现了关键器部件 100% 国产化,走出了一条具有中国特色的重大工程自主可控发展道路。

2. 北斗全球时代的新能力

（1）混合星座，独具特色。美、俄、欧等其他卫星导航系统，都是利用单一的 MEO 卫星进行组网。我国北斗立足国情，在国际上首次创新性采用 GEO、IGSO 和 MEO 三种轨道的混合星座构型。通过在重点服务区上空布设 GEO 和 IGSO 卫星，实现特定区域范围内良好的覆盖性能；同时，利用 MEO 卫星，实现全球覆盖的均匀性和对称性。

北斗混合星座的成功部署，丰富了世界卫星导航发展技术体系，也引起国外各系统的效仿。日、印均采用 IGSO 和 GEO 卫星的混合星座构建区域系统，俄罗斯、美国也在后续卫星导航规划发展中增加 IGSO 和 GEO 卫星。

（2）星间链路，星星组网。星间链路，就好比让北斗"三兄弟手拉手"，对我们"看不见"的处在地球另一面的北斗卫星，通过星间链路，同样可以和它们取得联系，解决了境外卫星的测量和数据传输问题，实现卫星与卫星、卫星与地面的连接互通，如图 1-19 所示。

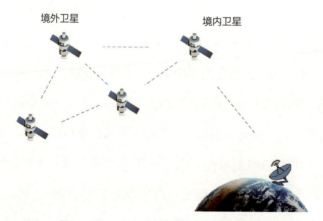

图 1-19　通过星间链路实现一星通、星星通

（3）导航信号，精度一流。导航信号是卫星导航系统的"中枢纽带"，是导航卫星和用户的唯一媒介。面对 GPS 和伽利略的频谱保护和专利壁垒，如果沿用已有的信号技术，整个卫星导航产业都将受制于人。通过攻关，北斗信号性能优越，拥有自主知识产权，适用于多种接收机，还与其他导航系统有很好的互操作性。到今天，北斗完成了在全球的专利布局，有利于开发出自主可控、更具性价比的产品，增强我国接收机厂商的国际竞争力。北斗芯如图 1-20 所示，价格也从最初每枚 2 000 元，一路下降，如今每枚已经不到 6 元。

图 1-20　我国自主知识产权的北斗芯

空间信号测距误差（Signal-In-Space Range Error，SISRE）描述卫星广播星历误差和钟差参数误差在用户和卫星方向上的投影，是影响用户定位授时精度的关键因素。根据我国国际 GNSS 监测评估系统评估结果，四大全球系统的空间信号测距误差如图 1-21 所示，北斗与美国 GPS、欧洲伽利略系统相当，优于俄罗斯格洛纳斯系统。

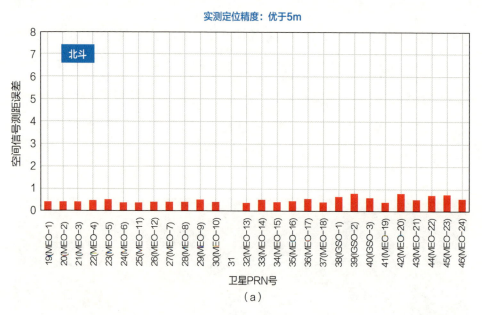

(a)

(b)

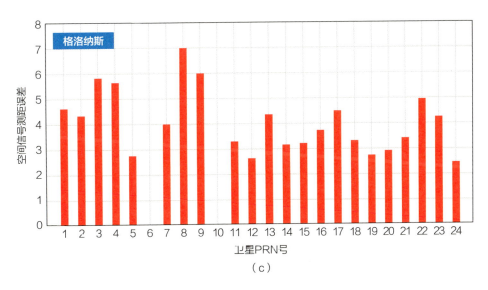

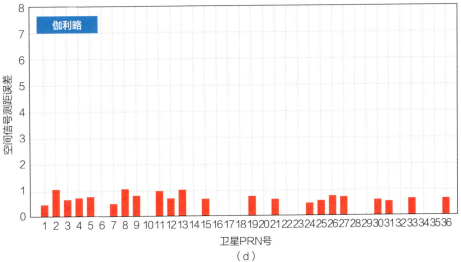

图1-21 四大全球系统空间信号精度

(4)多能北斗,技能满格。北斗系统共提供7大服务,功能集约高效,如表1-3所列。3种服务面向全球,包括定位导航授时(RNSS)、全球短报文通信(GSMC)和国际搜救(SAR);4种服务面向中国及周边地区,包括星基增强(SBAS)、地基增强(GAS)、精密单点定位(PPP)和区域短报文通信（RSMC）。目前，各导航系统多功能聚合情况如表 1-4 所列。

表 1-3　多能北斗

服务类型	服务区域及特点
RNSS	全球服务，GEO 卫星提升区域服务能力
SBAS	我国及周边，主要是民航、海事、铁路等生命安全用户
PPP	我国及周边，主要是测绘、精准农业、辅助自动驾驶等高精度用户
RSMC	我国及周边，主要是报文通信、位置报告等用户
GSMC	向位于地表及其以上 1 000km 空间的特许用户提供全球短报文通信服务
SAR	与其他搜救卫星系统联合向全球航海、航空和陆地用户提供免费遇险报警服务
GAS	利用移动通信网络或互联网络，向北斗基准站网覆盖区内的用户提供高精度定位服务

表 1-4　各卫星导航系统多功能聚合情况

服务＼系统	北斗	GPS	格洛纳斯	伽利略	QZSS	NavIC
RNSS	√	√	√	√	√	√
SBAS	√	×	√	×	√	×
PPP	√	×	×	√	√	×
RMCS	√	×	×	×	√	√
GMCS	√	×	×	×	×	×
SAR	√	√	×	√	×	×

3. 开放融合的北斗

北斗始终以开放合作的理念审视和拥抱世界，"中国愿同各国共享北斗系统建设发展成果，共促全球卫星导航事业蓬勃发展"（引自习近平主席在 2018 年给联合国全球卫星导航系统委员会大会的贺信）。联合国认可的全球卫星导航系统四大核心供应商如图 1-22 所示，北斗积极履行责任担当，成功举办两届 ICG 大会。目前，北斗已与俄、美、欧建立卫星导航合作机制，中美、中俄已完成兼容与互操作协调，签署成果文件，中欧正在开展新一轮兼容协调。北斗先后与巴基斯坦、泰国、沙特、伊拉克、阿拉伯信息通信技术组织、阿拉伯科技海运学院等"一带一路"国家和国际组织建立合作机制，签署合作文件，与东盟、阿盟、联合国外空司等组织和机构建立合作机制，全球朋友圈逐步扩大。

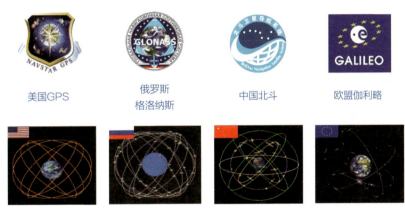

图 1-22　ICG 四大核心供应商

北斗积极推动进入民航、海事、通信、搜救等国际组织标准，获得国际主流应用领域的许可（图 1-23）。

图 1-23　北斗进入国际标准

4. 北斗应用无处不在

（1）为各行各业赋能。北斗系统现已广泛应用于交通运输、公共安全、农林渔业、水文监测、气象预报、通信时统、电力调度、救灾减灾等众多领域，如图 1-24 所示。同时，在工业互联网、物联网、车联网等新兴领域，自动驾驶、自动物流等创新应用层出不穷。

图 1-24　北斗赋能各行各业

（2）飞入寻常百姓家。基于北斗系统的导航服务已被电子商务、移动智能终端制造、位置服务等厂商采用，广泛进入大众消费、共享经济和民生领域，深刻改变着人们的生产生活方式，如图 1-25 所示。

（3）应用服务惠及全球。北斗致力于服务国际用户，国产北斗应用产品已出口 120 余个国家和地区，基于北斗的土地确权、精准农业、数字施工、智慧港口等，已在东盟、南亚、东欧、西亚、非洲等得到成功应用。在 2020 年新冠病毒疫情期间，与欧洲、阿盟等北斗国际用户互致问候，不断加深与国际友人情谊。北斗迈入全球服务新时代，为建设人类命运共同体、时空服务共同体贡献北斗力量。

图 1-25 北斗系统广泛应用于日常生活各个领域

第二篇　世界一流的北斗导航

二、独具特色的北斗导航星座

北斗导航星座，是由几十颗卫星编织而成的"太空星网"，不停地向地球发送导航信号，时刻帮助地球上那些需要定位导航的人们。而这一张"太空星网"，是北斗导航星座设计者们潜心设计的杰作，它让北斗导航不负众望，成为了更优秀的北斗，具备了更加优质的导航服务能力。

（一）卫星的"跑道"与星座

卫星就像赛场上的运动员，要在自己特定的跑道上奔跑。通常把卫星的跑道称为轨道。一说到轨道，你的脑海里首先浮现的一定是火车铁轨、电车轨道，甚至是电动玩具车的拼接轨道，这些都是能够看得见的轨道。卫星轨道与火车、有轨电车不同，卫星轨道是看不见的，也不是事先铺设的，卫星轨道是假想的圆形或椭圆形，是卫星运动划过的轨迹，如图 2-1 和图 2-2 所示。工程师们在大科学家牛顿的万有引力定律指导下能够预先计算出卫星轨道。卫星轨道设计是卫星系统设计中尤为重要的一步。

音频 2.1 ~ 2.2 节

图 2-1　火车、电车、卫星轨道

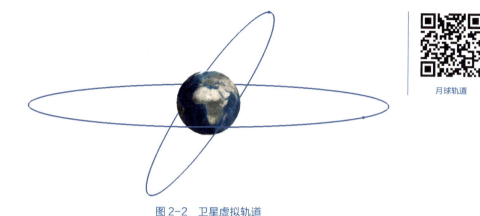

图 2-2 卫星虚拟轨道

月球轨道

为了实现卫星导航的功能，需要布放多颗卫星，有些卫星需要布放在同一个轨道上，有些卫星需要布放在不同的轨道上，而这些卫星在太空中组成的系统，称为星座。星座可不简单，星座里的每颗卫星需要互相监测，同时还有地面站对这些卫星的轨道进行监测并指导它们调整，这样才能让星座保持队形整齐划一，否则星座的队形乱了，也就没法保证卫星导航服务的性能了。

1. 星座设计如何影响导航性能

当你拿着手机进行导航，有时候明明在路北侧，导航却把你标定在路南侧，这就是通常说的定位不准，这个"不准"评价的就是导航性能。事实上，导航性能与卫星星座设计密不可分，而星座设计的重要评价指标称为几何精度因子（DOP），也常译作"精度衰减因子"。在定位的过程中，定位者首先接收多颗卫星信号并计算自己到每一颗卫星的距离，称为测量距离。测量距离与真实距离之间的偏差就是测量误差。假设每颗卫星测量误差相同，那么 DOP 值越小，代表星座几何结构越好，测量者得到的定位精度就越高。反之，定位精度就越低，如图 2-3 所示。以用户为顶点，以卫星为底点形成一个倒四面体，DOP 值可以理解为与该倒四面体的体积成反比，即倒四面体体积越小、DOP 值越大；倒四面体体积越大、DOP 值越小。

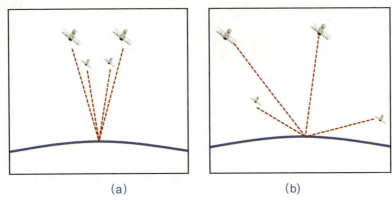

图 2-3　几何精度因子 DOP 与定位精度关系
(a) DOP 较大，定位精度差；(b) DOP 较小，定位精度高

在星座设计的过程中，保证全球任何位置的定位者在任意时刻都能获得较小的几何精度因子是北斗星座设计者们追求的目标。在实际中，卫星不停运动，几何精度因子随着用户和卫星几何位置的变化而变化，星座设计者需要进行综合考虑。

2. 三种轨道混合星座，提升北斗性能

北斗三号卫星遍布在 3 种卫星轨道上，分别是地球静止轨道（GEO）、倾斜地球同步轨道（IGSO）、中圆地球轨道（MEO）卫星，北斗人称它们为"北斗三兄弟"。根据 3 种轨道名称英文首字母的发音，它们被分别亲昵地称作"吉星""爱星"和"萌星"。3 颗"吉星"、3 颗"爱星"以及 24 颗"萌星"，30 名成员共同组成了北斗三号星座大家族，如图 2-4 所示。3 种轨道卫星根据各自轨道特点，各司其职、优势互补，共同为全球用户提供高质量的定位导航和授时服务。先来 1 份北斗星座家族成员的小档案，大家有个初步认识，如表 2-1 所列。

北斗卫星星座

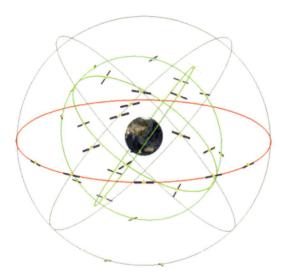

图 2-4　北斗卫星星座

表 2-1　北斗星座成员档案

卫星	GEO 卫星	IGSO 卫星	MEO 卫星
学名	地球静止轨道卫星	倾斜地球同步轨道卫星	中圆地球轨道卫星
昵称	吉星	爱星	萌星
个性特点	深情专一：始终定点凝望	善于协作：覆盖周边区域的中坚	灵活多动：绕着全球满场跑
轨位高度	36 000km 左右	36 000km 左右	20 000km 左右
星下点轨迹	聚焦一个点	锁定周边区域画 8 字	绕着地球划波浪线
外观	GEO	IGSO	MEO

（1）GEO 卫星站得高，覆盖广

吉星——GEO 卫星，位于距地球约 36 000km、与赤道面的倾角为 0°的轨道上。GEO 卫星定点于赤道上空，星下点轨迹（即卫星在地球上的投影）是一个点，如图 2-5 所示。因其运动周期与地球自转相同，相对地面保持静止,所以称作地球静止轨道卫星。GEO 卫星是高轨卫星,单颗卫星覆盖范围很广。

想象你手里握着一个手电筒,这个手电筒发出的光和卫星发射的导航信号类似,用这个手电筒去照射一个地球仪,手电筒距离地球仪越远的时候地球仪被照亮的表面就越大,如图 2-6 所示。以吉星为例,它是北斗家族里离地球较远的卫星,也叫高轨卫星,仅 1 颗卫星就能覆盖地球约 40% 的面积。3 颗 GEO 卫星,就可以实现对全球除南北极之外绝大多数区域的单重覆盖。GEO 卫星始终随地球自转而动,对覆盖区域内用户的可见性达到 100%,可实现 24h 连续覆盖,因此对于区域覆盖、区域增强具有明显的应用优势。

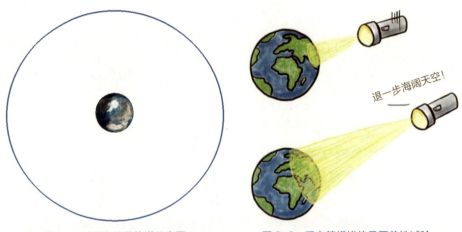

图 2-5　GEO 卫星轨道示意图　　图 2-6　手电筒模拟信号覆盖性试验

GEO 卫星因其星下点位置相对固定,所以空间几何分布受限,根据卫星导航四星定位原理以及对空间卫星的几何分布要求,无法独立构成卫星星座,需与其他轨道的卫星配合构建北斗星座。

(2)IGSO 卫星爱漫步,走"8"字

爱星——IGSO 卫星,与 GEO 卫星轨道高度相同,倾角不为 0°,运行周期与地球自转周期相同,称作地球同步轨道卫星。IGSO因有倾角,所以星下点轨迹呈现"8"字形。

IGSO作为高轨道卫星,和GEO一样,信号可接收范围广,尤其在低纬度地区,其性能优势明显。IGSO卫星总是覆盖地球上某一个区域,可与GEO卫星搭配,形成良好的几何构型,一定程度上克服GEO在高纬度地区仰角过低带来的影响,如图2-7所示。同时,由于我国地处北半球,GEO在赤道平面内运行,由于高大山体、建筑物的遮挡,在其北侧的用户接收GEO卫星信号时可能受遮挡,即北坡效应,而IGSO卫星可缓解这些问题。

(3)MEO卫星全球转,跑得快

萌星——MEO卫星,星如其名,小巧灵活。一般,卫星导航系统采用的MEO卫星,运行轨道在20 000km左右,作为卫星导航系统组网的主力队员,MEO像极了不知疲倦的小萌娃,在自己的跑道上绕着地球一圈又一圈地奔跑,让自己的星下点轨迹不停地画着波浪线,以便覆盖到全球更广阔的区域,如图2-8所示。

图2-7 IGSO卫星轨道示意图　　　　图2-8 MEO卫星轨道示意图

MEO因全球运行、全球覆盖的特点，成为卫星导航系统实现全球服务的最优选择。但MEO全球运转，地面固定站点的可见性约为40%，这对MEO星座实现全球运行管理提出了较高要求。

（二）世界卫星导航星座设计大盘点

世界卫星导航系统星座设计不尽相同，却又存在相似之处，比如每一种星座在设计的时候都采用了一种名叫Walker[①]的星座，但设计的过程中应用了不同的参数。美国、俄罗斯、欧洲全球系统采用单一中圆轨道星座，日本、印度的区域导航系统因其服务区域的设定选择了高轨道，而我国的北斗独树一帜采用了混合星座。表2-2列出了四大世界卫星导航系统的标称星座参数。

表2-2 四大全球卫星导航系统基本星座

序号	星座	标称星座组成	MEO星座标称参数
1	北斗三号	3GEO+3IGSO+24MEO	Walker 24/3/1：21 528km，55°
2	GPS	24MEO	Walker 24/6/1：20 200km，55°
3	格洛纳斯	24MEO	Walker 24/3/1：19 129km，64.8°
4	伽利略	27MEO	Walker 27/3/1：23 222km，56°

注：全球卫星导航系统实际在轨卫星情况可以查阅 www.csno-tarc.cn。

美俄欧全球系统星座

1. 美俄欧全球系统星座独钟MEO

美国GPS标称星座为24颗MEO卫星，均匀分布在6个倾角为55°的中圆地球轨道，轨道高度20 200km，卫星运行周期为12h，如图2-9所示；俄罗斯格洛纳斯系

---

① Walker星座：各轨道平面平均分布，而且轨道平面中的卫星均匀分布时的星座排布。常见的Walker星座有Walker24/3/2星座，即总共24颗卫星，分3个轨道面，每个轨道面8颗卫星，相位因子为2。

统标称星座为 24 颗 MEO 卫星，均匀分布在 3 个倾角为 64.8° 的中圆地球轨道，轨道高度 19 129km，卫星运行周期为 11.25h，如图 2-10 所示；欧洲伽利略系统标称星座为 30 颗 MEO 卫星，包含 27 颗运行卫星和 3 颗备份卫星，如图 2-11 所示，卫星均匀分布

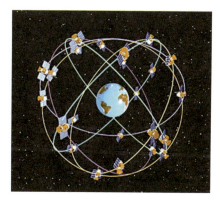

图 2-9　GPS 星座

在 3 个倾角为 56° 的中圆地球轨道，轨道高度 23 222km，卫星运行周期约为 14h。

图 2-10　格洛纳斯星座

图 2-11　伽利略星座

2. 日印区域系统星座都是高轨道

日本准天顶卫星系统星座由位于高轨道上的 4 颗卫星组成，包括 1 颗 GEO 卫星和 3 颗 GEO 卫星，后期拟增补为由 GEO 卫星和 IGSO 卫星构成的 7 颗卫星，如图 2-12 所示；印度区域导航卫星系统星座有 7 颗卫星，包括 3 颗 GEO 卫星和 4 颗 IGSO 卫星，如图 2-13 所示。

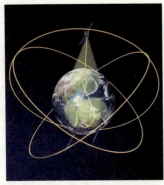
图 2-12 日本准天顶系统

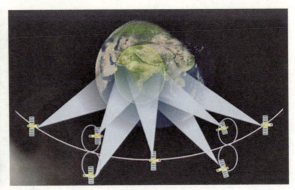
图 2-13 印度区域卫星导航系统

3. 北斗国际首创混合星座

北斗卫星导航系统立足国情,星座设计富有特色,在国际上首次创新性采用 GEO、IGSO 和 MEO 共 3 种轨道的混合星座构型。目前,北斗二号和北斗三号星座联合提供服务。北斗二号卫星设计寿命 8 年,随着北斗二号卫星逐步到寿,北斗系统的定位服务将主要由北斗三号星座完成。北斗一号、北斗二号、北斗三号星座构型方案如表 2-3 所列。

表 2-3 北斗三步走发展的星座组成

名称	标称星座方案	备份卫星
北斗一号	2GEO	1GEO
北斗二号	5GEO+5IGSO+4MEO	2GEO+2IGSO
北斗三号	3GEO+3IGSO+24MEO	—

(1)北斗三号 GEO 卫星。3 颗 GEO 卫星轨道高度为 35 786km,分别定点于东经 80°、110.5° 和 140°,如图 2-14 所示。

北斗混合星座

图 2-14 北斗卫星导航系统 GEO 卫星轨位分布图

（2）北斗三号 IGSO 卫星。3 颗 IGSO 卫星的轨道高度为 35 786km，轨道倾角为 55°，分布在 3 个倾角为 55° 的轨道面内，3 颗卫星升交点地理经度为东经 118°，如图 2-15 所示。

（3）北斗三号 MEO 卫星。24 颗 MEO 卫星轨道高度为 21 528km，轨道倾角为 55°，分布于 Walker 24/3/1 星座，每颗卫星在 7 天内可绕地球跑 13 圈，如图 2-16 所示。

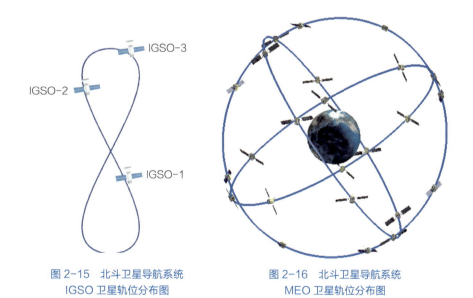

图 2-15 北斗卫星导航系统 IGSO 卫星轨位分布图

图 2-16 北斗卫星导航系统 MEO 卫星轨位分布图

（三）遵守秩序的北斗卫星星座

北斗系统的卫星队伍已经达到 40 多颗，这支庞大的队伍一起工作，会不会有哪颗卫星"滥竽充数"或"擅离职守"？其实，北斗卫星是一群"遵守秩序"的卫星，知道自己应该待在什么地方，做什么事情。如果说卫星像天上的风筝，那么卫星运行的控制系统就是人们拉在手中的风筝线，北斗系统管理者通过操纵风筝线维持卫星队伍秩序。对于处在工作状态的卫星，需要时刻监测状态，根据卫星的轨道偏移情况调整卫星轨道。此外，也要通过监测来避免紧急情况对卫星造成影响。对于已经超过设计寿命的超期卫星，需要把它推到废弃轨道上，以免对服役期卫星造成影响。

1. 卫星是怎样被"控制"的

音频 2.3 ~ 2.5 节

通常从卫星轨道的图片、视频、动画中，看到卫星轨道是一个平坦光滑的轨迹，但实际上卫星运行过程中是一直在波动的，这些波动是由一些摄动引起的，包括地球非球形摄动、日月引力摄动、太阳辐射压力。那么如何控制卫星，让它一直在自己应该运行的位置上呢？

（1）测控中心，护航北斗

一种情况是靠地面测控中心指挥测控站控制轨道，如图2-17所示。测控中心不仅要确定卫星的轨道和位置，还是卫星在天上保持正确轨道、正确姿态的总指挥。测控中心要根据各地面站实时监测的数据，算出卫星的位置、速度和姿态参数，一旦发现异常，就控制卫星回到正常状态。

（2）自主导航，精测妙控

2019年，欧洲伽利略系统地面站出现问题，导致卫星导航定位服务终止。这件事情给人们一个启示，卫星控制完全靠地面是有风险的。北斗卫星导航系统采用了一种备份手段——空间自主导航,它是在没有地面控制的情况下,卫星通过星上的设备,自己调整位置,在短时间(通常是几天到几十天)内能够维持轨道构型,如图 2-18 所示。这种方式大大减少了卫星对地面站的依赖,实现了"可视"范围外的卫星控制,也降低了系统的运行管理成本。

图 2-17　地面测控站控制卫星

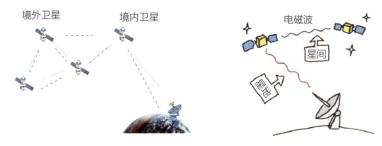

图 2-18　自主导航

2. 卫星会"碰车"吗

据 www.ucsusa.org 网站统计,截止到 2020 年 3 月,全球在轨人造卫星数量已经达到 2 666 颗，如图 2-19 所示。人们不禁会问，在轨的人造卫星会不会像马路上的汽车一样"碰车"？这个担心一点也不多余。

  2019 年 9 月，英国《卫报》上有这样一篇报道，欧洲航天局 9 月 2 日启动"风神"气象卫星的卫星推进器，以避开美国太空探索技术公司 SpaceX"星链"卫星群中的一颗卫星。如果按照原轨道运行，两颗卫星就可能相撞，如图 2-20 所示。欧洲航天局在社交网站表示，这是史上首次采取行动避开一颗活的卫星，如果两颗卫星相撞，将产生一大堆危险碎片，继续撞击其他卫星，从而形成连锁反应，令太空环境变得更加危险。

图 2-19　欧洲航天局（ESA）拍摄的地球人造卫星照片

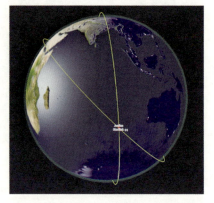
图 2-20　"风神"与"星链"卫星原计划轨道相交

  导航卫星主要运行的中轨道区域，随着导航卫星的不断发射，卫星会越来越多，越来越密集。北斗系统星座设计团队对于"卫星碰车"问题进行了深入分析，根据四大全球卫星导航系统星座和轨道的参数对北斗卫星发生碰撞的可能性进行计算。

  如图 2-21 所示，以 Space-Track 网站对卫星的编号为横坐标，轨道高度为纵坐标，圆形表示远地点，三角形为近地点，展现了导航卫星的空间分布现状。GPS废弃卫星已经穿越到格洛纳斯和北斗系统的运行轨道高度，给世界其他卫星的在轨运行带来了安全隐患，其余卫星则相对稳定。

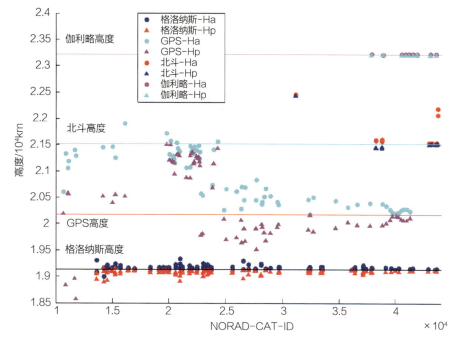

图2-21 四大全球系统导航卫星高度分布图

当然，大家也不用过于担心卫星的"碰车"问题，太空区域现在还相对广阔，同时工程师们在卫星部署前都经过了精心的计算，即使在同一轨道高度区域，导航卫星也没那么容易"碰车"。另外，地面广泛分布、功能强大的观测网可对导航卫星"碰车"进行提前预测，就如同现代汽车中的倒车雷达系统，如果发现异常接近，地面监测系统就会发出警告，通过国家、机构间的协调，进行避让，所以"碰车"的风险是非常低的。

3. 卫星"到寿"怎么办

卫星不会长生不老，它有自己的寿命，卫星的设计寿命通常根据任务不同而有所不同。地球静止轨道通信卫星的设计寿命一般可达 8~10 年，最高设计寿命已达 15 年；近地轨道对地观测卫星的设计寿命一般为 2～5 年。对于已经达到寿命的卫星，一般需要把它机动到废弃轨道。废弃轨道的设计主要考虑空间碎片减缓和轨道安全性等问题，一般要求轨道尽可能稳定，不会扩散到其他导航卫星运行区域，从而保证导航星座的长期安全运行。

有一个关于空间碎片问题的国际合作组织叫做机构间空间碎片协调委员会（IADC）。2002 年，IADC 通过《IADC 空间碎片减缓指南》。如果你有一颗废弃卫星需要推到废弃轨道，那么你需要遵守这个指南里的几个原则：

如果是地球静止轨道和低轨卫星，要保证废弃轨道不会穿越地球静止轨道保护区域，同时废弃轨道应该让穿越低轨保护区域的时间最短（不超过 25 年）。

如果是其他轨道卫星，需要实施轨道机动，如果卫星对其他正在工作的卫星造成干扰，那么处置办法另议。

换句话说，IADC 组织对中轨道区域废弃卫星的处置原则还没有十分明确。但中国作为一个负责任的航天大国，对于轨道空间环境，理应承担一份应有的责任。北斗高轨卫星到寿后，按照《IADC 空间碎片减缓指南》规定的处置原则机动到废弃轨道；北斗前期发射的中轨卫星到寿后，也对其进行了离轨控制机动到废弃轨道，避免和其他卫星"碰车"。

世界四大卫星导航系统的星座主要为中轨卫星，如图2-22所示，可以看到：与北斗MEO卫星轨道高度距离最近的是GPS星座，轨道高度比MEO低约1 310km；其次是伽利略，轨道高度比MEO高约1 800km。因此，MEO进行离轨时选择抬升或下推处置都是可行的，由于远离地球的太空目前分布的卫星数量较少，因此抬高轨道高度进行离轨可选择的空间范围更广。

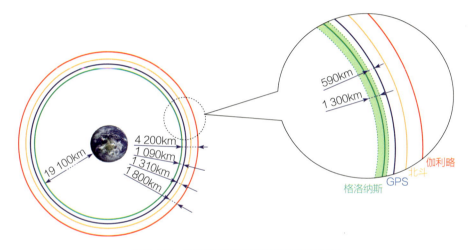

图2-22　中轨道区域导航星座高度分布情况

北斗轨道工程师们根据各卫星导航系统星座和轨道参数，筛选出了运行在北斗卫星附近的导航卫星，并结合各系统星座和轨道参数，拟制了位于中轨道的GPS、伽利略和北斗卫星的漂移区域、废弃卫星允许的漂移区域和适用于废弃卫星轨道选取的带状区域，如图2-23所示。废弃卫星轨道选取带1是把废弃的"萌星"下推处置区域，高度上限21 347km，下限20 934km；废弃卫星轨道选取带2是把废弃的"萌星"抬升处置区域，高度上限23 036km，下限21 802km。

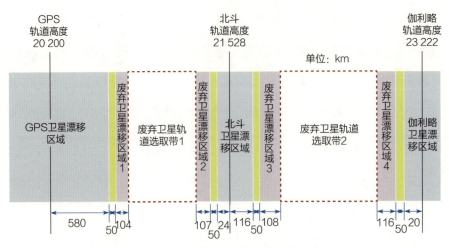

图 2-23 北斗"萌星"卫星废弃轨道选择区域示意图

（四）北斗星座彰显中国智慧

北斗系统独创"3 种轨道""3 种卫星"构建的混合星座，在国际上属首次。这种混合星座构型可谓将集成理念运用得淋漓尽致。通过混合星座，不同轨道的北斗卫星在"全球覆盖，突出重点；兼容衔接，平稳过渡；功能丰富，效费比高；简化状态，降低风险"等方面特点突出。

北斗星座里的中国智慧，可概括为 3 方面：

（1）使用较少卫星可获得服务区域更高性能。使用混合星座能够以相对较少数量的卫星保证重点服务区内的服务性能，如只使用 MEO 卫星，北斗要达到与 GPS 相当的性能，则需发射较多数量的 MEO 卫星；利用混合星座设计，仅用较少的卫星既满足了国家当时卫星导航系统急需，又获得了重点服务区域与 GPS、格洛纳斯、伽利略等相当的服务性能。

（2）可加快系统星座构建速度。由于采用混合星座，根据不同卫星类型可以采用分阶段部署方式，每种星座部署时间和周期相对变短，使得总体星座建设速度加快，同时还有利于按时利用申请的导航频率和轨道资源。

（3）为系统具备更多功能提供了多样化载体。采用 GEO 卫星，使得北斗系统在增加短报文通信、星基增强功能方面成为可能；鉴于 IGSO 卫星的星下点轨迹为重复"8"字形，采用 IGSO 卫星，使得北斗在重点区域、遮挡区域、低纬度区域获得了更好的观测几何结构，显著增强了北斗系统在重点服务区内的导航性能，如图 2-24 和图 2-25 所示。

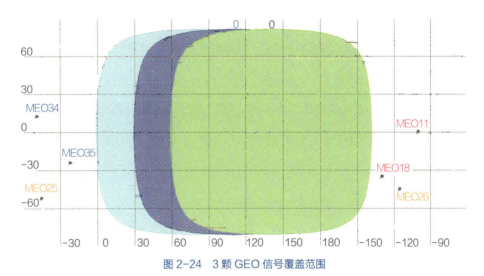

图 2-24　3 颗 GEO 信号覆盖范围

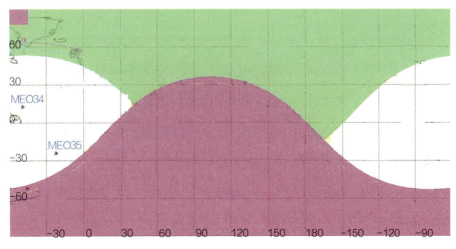

图 2-25　3 颗 IGSO 信号覆盖范围

首创，有时也意味着未知。北斗混合星座设计与实施过程中带来了新的挑战，同时催生了系列技术创新，有效解决了混合星座部署中可能出现的众多问题，改善提升了系统性能。北斗二号星座创造了在世界上首次将 IGSO 卫星用于导航的先例，相较于 2016 年第二个建成混合星座（GEO+IGSO）的印度区域卫星导航系统，早了 4 年之久；日本 QZSS 也于 2013 年 7 月发射 IGSO 卫星，以利用 IGSO 卫星实现区域覆盖。

北斗三号混合星座的成功部署，引起各系统的竞相效仿。俄罗斯拟在后续系统星座建设中增加 IGSO 卫星，同时将其星基增强系统 SDCM（采用 GEO 卫星）纳入格洛纳斯体系，形成 G/I/M 混合星座体系；而美国时隔 40 余年计划再启动导航技术试验卫星 NTS-3 计划（采用 GEO 卫星），意在基于本土试验新技术。毫无疑问，北斗混合星座丰富了世界卫星导航发展技术体系，在国际上发挥了积极的引领作用。

（五）北斗星座对世界的贡献

2009 年，在俄罗斯圣彼得堡举行的全球卫星导航系统国际委员会会议上，某国代表直言："中国的卫星导航系统与其他国家卫星的频率重叠，只会徒增噪声扰乱空间秩序，对国际没有贡献。"这种"中国北斗无用论"深深刺痛了北斗研制者的心，然而实际情况果真如此吗？

卫星导航系统定位需要同时观测到至少 4 颗卫星，观测到的卫星越多，越能提高定位精度。在复杂的山区和高楼林立的城市，由于信号受到遮挡，仅依靠单一系统有时是难以做到 4 重覆盖的。而多个卫星导航系统能够增加可见卫星数目，通过"星座互补"实现用户导航定位性能的提升，是"开放共赢"的卫星导航系统努力的方向，如图 2-26 所示。而"星座互补"需要接收机既能处理来自北斗的信号,也能处理来自 GPS、格洛纳斯、伽利略等其他卫星导航系统的信号,也称为"互操作"接收机。

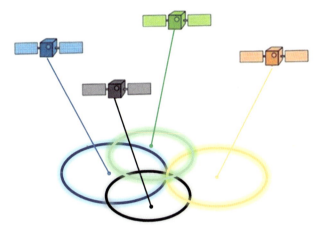

图 2-26　开放共赢才是硬道理

将北斗三号分别与美国 GPS、俄罗斯格洛纳斯、欧盟伽利略星座实现互操作后之后,性能将发生怎么样的改变?就让大家通过北斗与各系统组合后,在可见卫星数方面的仿真结果,分析系统性能的变化情况。

采用兼顾中国境内与境外、低纬度与高纬度的原则,可见卫星数观测点选取北京、泰国曼谷、挪威奥斯陆三地,北斗三号星座联合 GPS、格洛纳斯、伽利略星座相对于北斗三号星座,全球和亚太大部分地区可见星个数增多,如图 2-27 所示。

北斗三号星座联合 GPS、格洛纳斯、伽利略星座相对于北斗三号星座,对于北京地区,全球平均可见卫星数可依次提升 75%、83.3% 和 91.6%;对于泰国曼谷地区,全球平均可见卫星数可依次提升 71.4%、64.3% 和 85.7%;对于挪威奥斯陆地区,全球平均可见卫星数可依次提升 111%、122% 和 133%,如表 2-4 所列。

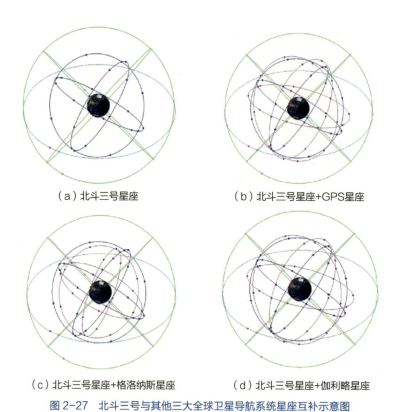

图 2-27　北斗三号与其他三大全球卫星导航系统星座互补示意图

表 2-4　北斗三号星座与不同星座组合对可见卫星数的影响

星座类型		北京	泰国曼谷	挪威奥斯陆
北斗	平均值	12	14	9
北斗+GPS	平均值	21	24	19
	增长率/%	75	71.4	111
北斗+格洛纳斯	平均值	22	23	20
	增长率/%	83.3	64.3	122
北斗+伽利略	平均值	23	26	21
	增长率/%	91.6	85.7	133

从手机软件 AndroiTS GPS 中，可以看到当前位置可见卫星数，如图 2-28 所示。

图 2-28　有了互操作以后，可见卫星数大幅增长

2020 年，北斗三号提前半年全面建成，更是加快了与其他多系统进一步实现互操作的脚步，不仅能增加可视卫星的数量，降低 PDOP 值，还可以缓解单一系统星座维持操作等带来的不利影响，提升单一系统星座备份的稳健性。"开放的北斗，与世界共赢"，北斗必将砥砺前行，开放包容，为国际用户带来更加高质量的服务。

三、"手拉手"的星间链路

2017年11月，2颗北斗卫星在离地面两万多千米的高空发起对话："太空本无路，我们之间频繁测距和交换数据，来来往往也就成了路。"这两颗卫星就是北斗三号第1、第2颗组网卫星，在拉开北斗全球组网大幕的同时，也在太空铺设了星间链路（ISL）。

（一）星间链路——浩瀚星河的太空桥梁

1. 什么是星间链路

星间链路是指卫星与卫星之间的链路，也称为星际链路或交叉链路。通俗来说，就是把卫星拉到1个微信群，可以聊天，共享位置，如图3-1所示。星间链路主要用于数据中继卫星、通信卫星星座和导航卫星星座，如美国数据中继卫星系统（TDRSS）、铱星（Iridium）移动通信星座、第二代铱星移动通信星座、GPS导航卫星星座、北斗导航卫星星座等。在国际上，星间链路对于通信、导航卫星星座均是核心和技术制高点。在北斗导航卫星星座中，星间链路是在卫星之间建立的具有精密测量和数传功能的链路，它是北斗系统全球服务、运行管理、自主运行的关键。

在浩瀚的宇宙中，连接2颗小小卫星的"高速路"，铺路用的不是水泥、沥青，而是发射接收设备、天线、网络协议，利用这条"高速路"可实现卫星之间的距离测量和数据

音频3.1节

星间链路

交换，如图 3-2 所示。

图 3-1　北斗卫星星间链路群聊

图 3-2　星间链路"高速路"

自 20 世纪 80 年代，美国 Ananda 等科学家就开始考虑设计导航卫星星间链路。20 世纪 90 年代，美国 GPS 在 Block IIR 卫星上就已经安装了星间链路设备，GPS 星间链路采用了 UHF 频段（250～290MHz）、宽波束天线，具备星间双向测距与数据交换功能。在美国新一代 GPS Ⅲ卫星中，星间链路可能会采用更高工作频段，以大幅提升测距精度和通信速率。

我国北斗一号和北斗二号为区域卫星导航系统，均没有设计星间链路。在北斗三号的建设和发展中，为实现北斗系统从区域向全球的扩展，在地面站资源受限无法全球布站的情况下，发展星间链路技术具有非常重要的战略意义。在北斗导航卫星之间建立星间链路，可实现星间数据传输和精密测量，大幅提高北斗卫星的测定轨精度，提升导航电文注入频度，并减少对海外布站的依赖，有效降低系统的运行管理成本。2015年3月30日，第17颗北斗导航卫星发射成功，拥有我国自主知识产权的星间链路在北斗新一代试验卫星上首次亮相。目前，北斗三号所有卫星均配置星间链路载荷，并完成了星间链路全球组网。

导航卫星星间链路通常有3种建链方式：① 参照GPS在MEO卫星之间建立中–中轨星间链路，GEO、IGSO和MEO高低卫星之间不建立高–中轨星间链路；② 在GEO、IGSO与MEO卫星之间建立高–中轨星间链路，MEO卫星之间不建立中–中轨星间链路；③ 在GEO、IGSO和MEO卫星之间均建立高–中轨、中–中轨星间链路。北斗三号30颗卫星都配置星间链路设备，采用第3种建链方式，借助Ka频段实现中–中轨、高–中轨星间链路，可与空间星座实现星–地建链，"一星通，星星通"，如图3-3所示。

导航卫星星座星间链路涉及卫星空间段网络，既有通信数据传输又有高精度测量要求，既有关键单机设计又有系统网络设计，难度极高。目前，仅北斗三号全球系统星间链路达到了全系统运行状态，并实现了常态化运行，美国GPS尚未全系统运行，俄罗斯格洛纳斯只在GLONASS-K卫星上进行了在轨试验，欧洲伽利略系统、印度NavIC系统、日本QZSS系统尚未实现星间链路。

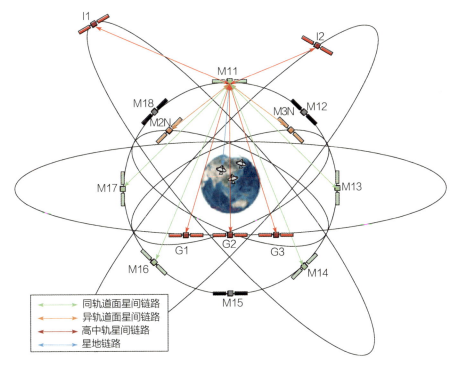

图 3-3　北斗三号卫星建链示意图

2. 让卫星实时"对话"

北斗工程师设计了标准"卫星语",让"北斗星"之间使用共同的"语言",进行灵活通畅的"对话",确保为全世界用户提供更好的服务,并为国内特定用户的多样化需求提供支持。其中卫星之间想要"对话",除了让卫星和卫星之间相互可见外,还应该使它们能够"听到"并"听懂"对方的"语言","听到"就是能够接收并捕获对方卫星的信号,"听懂"就是能够按照约定的协议解析出对方传递的信息。

（1）卫星和卫星之间可见

可见是确保卫星之间听到对方"语言"的前提之一。对于单颗卫星,定

义 α 为波束扫描单边宽度，γ 为地球的视张角，h 为电离层高度，由于波束扫描范围和地球遮挡的限制，对于卫星 A，仅有处在绿色区域内的卫星可见，如图 3-4 所示。

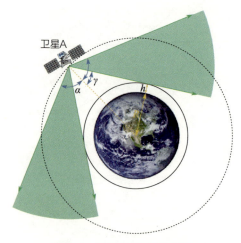

图 3-4　星间链路可见性分析

前面所述，北斗三号 MEO 卫星平均分布在 3 个轨道平面，每个轨道包含 8 颗卫星，卫星的相对位置关系固定。下面以卫星 M11 为例，分析 M11 和同一轨道面上其他 7 颗卫星之间的可见关系。由于地球遮挡，卫星 M11 与在同一轨道面内轨道相位差 180°的卫星 M15 相互不可见；卫星 M12 和 M18 由于距离 M11 太近，波束角过大，超过了 M11 卫星星间链路天线波束角覆盖范围而不可见。所以在同一个轨道面内，卫星 M11 可与卫星 M13、卫星 M14、卫星 M16、卫星 M17 共 4 颗卫星同时可见，如图 3-5 所示。MEO 卫星和 GEO、IGSO 卫星之间相对位置关系不固定，星间链路可见性随时间变化。

北斗系统除在 MEO 和 MEO 卫星之间建立中－中轨星间链路外，还在 MEO 卫星与 GEO、IGSO 卫星之间建立了高－中轨星间链路。同时，当 GEO、IGSO、MEO 卫星在我国境内时，还可以与地面站建立星－地链路,实现互联互通。

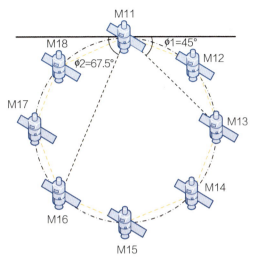

图 3-5　MEO 星间链路可见性示意图

（2）天线波束对准

卫星与卫星之间可见主要考虑的是地球遮挡和天线波束角对视觉可见性的影响,天线波束对准主要考虑的是卫星与卫星之间的信号传播对可见性的影响。通常卫星上安装星间链路收发天线,信号在收发天线之间传播,收发天线的波束类似生活中的手电筒。星间链路工作时,收发天线通过扫描将天线波束置于对方的天线波束范围之中才能正常地建立链路,如图 3-6 所示。

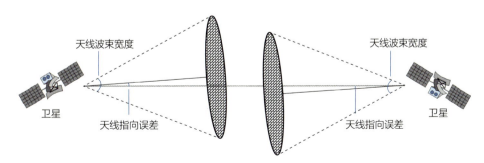

图 3-6　星间链路指向正常工作示意图

由于天线指向存在误差,星间链路天线发射和接收增益会发生变化,有时甚至会造成本相互可见的卫星之间无法完成测量和数据通信,如图3-7所示。因此,提高卫星平台天线指向控制精度是实现北斗卫星"对话"的关键。

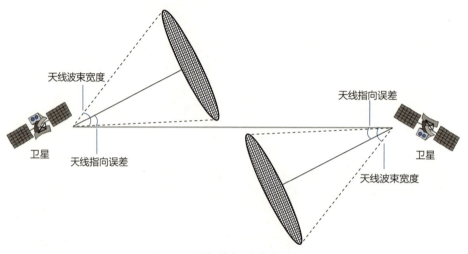

图 3-7　星间链路天线指向示意图

(3)星间链路信号"成功握手"

星间链路信号"成功握手"就是卫星与卫星之间能够接收对方的信号,并能解析传递的数据,完成两颗卫星的信息交换。

要实现两颗卫星的信息交换,首先需要完成信号的捕获、跟踪等一系列信号处理过程。通常信号捕获有两种模式:一种为无先验信息的"盲搜"模式,即在全空域内搜索;另一种为事先已知目标的大致位置的条件下,通过先验信息计算多普勒修正和到达时间,完成捕获。对于导航卫星的星间捕获,由于卫星的空间位置可以通过星历参数获取,因此可采用后者预先计算辅助捕获信息,以缩短收发信息的捕获时间。

卫星在太空中运动速度很快,生活中高铁的速度可达 350km/h,约为 100m/s,而卫星之间相对速度可达 5 000m/s。北斗卫星在太空运动速度极快,需要在几百毫秒的时间内,完成复杂信号处理,实现星间链路的高速建立和切换,因此不得不考虑多普勒效应带来的影响。物体辐射的电磁波频率因为波源和观测者的相对运动而产生变化,物体速度越快,则接收频率的误差越大,如图 3-8 所示。多普勒频移会影响星间链路的性能,消除或降低多普勒频移对星间建链的影响,是高速运动的卫星之间进行星间无线测量和通信必须解决的问题。

除了多普勒效应外,卫星与卫星星间建链还需考虑干扰信号。无论是无意干扰

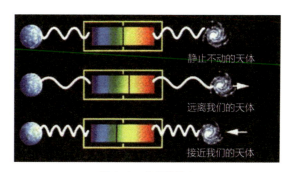

图 3-8 多普勒效应

或有意干扰,北斗星间链路都有对策,可以自如地工作,正常识别、分辨极其微弱的星间链路信号,该信号的功率只相当于日常手机接收信号功率的 10 亿分之 1。

3. 星间链路连接全球

与传统的以点对点为主要特征的星地链路相比,北斗系统星间链路在星间网络多个节点之间建立数据传输关系,具备鲜明的网络特征。因此,和地面网络协议类似,星间网络协议也采用分层模型,以满足星间网络数据传输、差错控制以及不同业务应用需求,主要包括物理层、数据链路层、网络层、传输层和应用层,如图 3-9 所示。

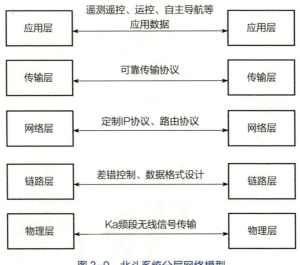

图 3-9 北斗系统分层网络模型

针对空间网络传输时延大、传输容量低、多普勒频移大等特点，北斗系统星间网络协议在物理层、数据链路层、网络层、传输层、应用层进行了专门设计，星间链路设备通过层次化的星间网络协议实现了可靠的信息交互，支持了遥测、遥控、运控、自主导航等各类应用业务。通过星间链路，北斗系统建立了一个可提供全球服务的星间、星地网络。

（二）北斗全球服务的制胜法宝

按照全球卫星导航系统一般的建设和运行模式，要实现全球服务，需建立全球范围的地面站。北斗系统在国内区域建站条件下，首创了 Ka 频段星间链路，将所有在轨运行的北斗三号卫星连成一张大网，实现了北斗"兄弟"们手拉手、心相通，相互间可以传递信息，测量距离，这不仅减小了地面站规模，减轻了地面管理维护压力，而且使北斗系统定位精度大幅提高。凭借这一"绝活"，北斗系统实现了国内布站条件下全球星座的运行控制，服务能力达到世界一流水平。

1. 国内布站实现全球服务

美国建设 GPS 时，不仅在天上布设了数十颗卫星，而且在地面建立了全球分布的监测站网。中国的北斗系统，无法像美国那样全球建设监测站。在区域布站的条件下，GEO 卫星和 IGSO 卫星均可以实时被地面站观测到，而对于 MEO 卫星，地面站并不能实时地进行全弧段观测。假设一颗北斗 MEO 卫星能够被某一地面站观测到的高度角大于 10°，那么在一个轨道周期内，可观测弧度约为 30%，如图 3-10 所示。因此，北斗另辟蹊径通过星间链路实现全球全弧段观测。

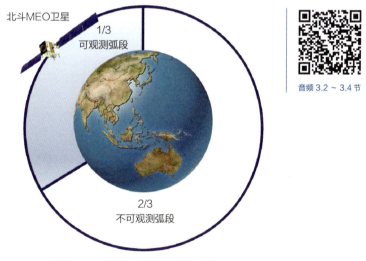

音频 3.2 ~ 3.4 节

图 3-10　MEO 地面站可见性分析

卫星导航系统本质上是一个时间和空间基准传递系统。时间和空间基准信息即用户定位需要的卫星位置（轨道）和时间参数信息，包含在卫星播发的导航电文中。北斗星间链路有两个制胜法宝：精确对表和精密定轨，可大幅提升卫星的时间和空间位置精度，进而提升用户的定位精度。

(1)星地星间的精确对表

北斗星间链路的聊天内容相对专一,就是星间星地精确对表,为什么要对表?是因为我们需要一个非常精准的时间。卫星导航系统是通过时间乘以北斗信号的传播速度,也就是光速,来测量距离的,假如星上的时间差1s,那距离就会差300 000km,相当于绕地球表面七圈半。北斗"对表"包括两种方式:星地对表和星间对表。

用卫星钟差参数体现卫星星上"表"相对于地面高精度"表"的差异,此即精确对表。它可以用来描述卫星星上"表"(星载原子钟)相对于地面高精度"表"的快慢情况,如图3-11所示。由于导航定位的本质是时间差测量距离,因此卫星星上"表"相对于地面高精度"表"的快慢情况对于卫星导航系统来说非常重要。若对表增加纳秒级的误差,地面用户的定位误差将增加米级。

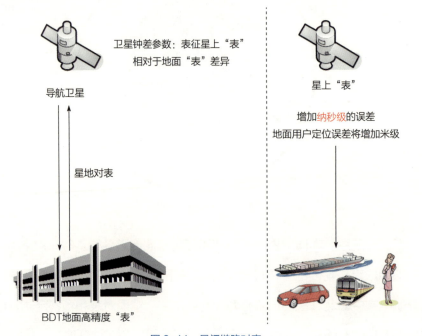

图 3-11　星间链路对表

国外全球卫星导航系统如 GPS、格洛纳斯、伽利略采用动力学定轨钟差联合解算方式实现卫星钟与地面时间同步，通过星地时间精确对表，可估计得到高精度卫星钟差，该方法卫星钟同步精度受地面监测网络分布的限制。对于中国北斗系统，在区域布站条件下，实现 3 种不同轨道类型卫星的轨道测定和时间同步，不宜采用动力学定轨钟差联合解算方式。

北斗创新性地使用了星地双向时间比对的方式，不受卫星轨道因素影响，实现高精度的星地对表。地面设备接收卫星下行信号，测量得到下行伪距观测值；卫星同时接收地面设备发射的卫星上行信号，测量得到上行伪距观测值。将上行伪距观测与下行伪距观测直接作差，通过差分可以消除传播路径误差，直接测量得到卫星钟相对于地面钟的钟差，实现卫星钟与地面钟的高精度同步，如图 3-12 所示。

星地双向时间比对仅能实现中国本土可视卫星与地面的对表，无法实现不可视卫星与地面钟的同步。作为北斗系统提供全球导航定位授时服务的主力，MEO 卫星约 70% 的弧段对我国本土是不可视的。要想实现北斗

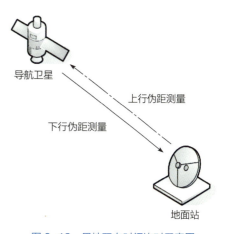

图 3-12　星地双向时间比对示意图

全球服务，需要解决 MEO 卫星全弧段实时高精度对钟校准问题。北斗三号采用星间链路实现卫星星间对钟，与星地双向时间比对方法类似，两颗卫星同时接收来自对方的星间测距，通过比对星间测距可消除传播路径误差，实现两颗卫星钟的同步。境外卫星通过与地面对钟的境内卫星的星间对钟，间接实现与地面时间同步，如图 3-13 所示。

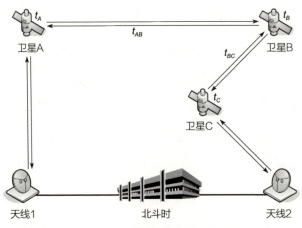

图 3-13　星地星间联合对钟示意图

星地星间对表精度如何？举个例子，在地球上，阿根廷离中国非常遥远，北京到阿根廷布宜诺斯艾利斯的距离约为 20 000km。两颗北斗卫星在太空中最远相隔约 70 000km，通过星间链路连接，却始终知道彼此在哪里，卫星位置预报的精度可以达到米级，时间同步精度达到几纳秒。这个精度相当于中国北京和阿根廷布宜诺斯艾利斯之间两个几十分米直径的波束准确对准，这哪里是百步穿杨，简直是万里穿针。

完成如此精准的定位，离不开星间星地的精确对表，仅星地对钟精度约为 2ns，而星地星间联合对钟精度约为 1ns，加入星间观测后，北斗卫星对钟精度不仅满足了系统设计指标要求，也达到了世界先进水平。

（2）星间星地的精密定轨

卫星通过向用户发送导航信号来定位，导航信号中的广播星历用来描述卫星的空间位置，是空间基准信息载体。若广播星历无法精确地表达出卫星相对于地球的位置，用户则无法利用卫星系统得知自己的位置。

北斗依靠我国区域监测网观测数据进行精密定轨处理，仅能覆盖境内监测站可见的约 30% 的观测弧段，随着无法观测弧段时间累积，将导致精密定轨精度变差。北斗系统采用星间链路与区域网地面观测数据联合的卫星精密定轨方法，区域监测网星地链路与星间链路将所有北斗卫星和地面站连通成一个网络，如图 3-14 所示（红线表示星地链路，绿线表示星间链路）。

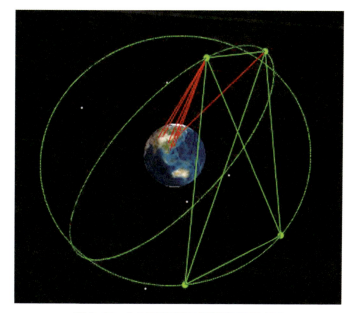

图 3-14　北斗卫星星地星间观测网络示意图

增加星间链路观测，构建星地星间联合精密定轨方式，MEO 卫星可见弧段增加至 100%，极大改善了北斗精密定轨处理所需的观测几何构型，提升了定轨精度。

2. 一星通，星星通

星间链路可形成一个以卫星作为交换节点的空间通信网络——地面站只要对星座中的 1 颗北斗卫星发送指令，便可以在所有卫星之间传递下去，从而实现对所有组网卫星的不间断管理。也就是说，对于我们"看不见"的卫星，即地面站无法直接观测到的境外导航卫星，通过北斗星间链路，同样能和它们取得联系，获得它们的相关数据或对其下达各种操作命令。同时，境外导航卫星通过星间链路可将其各类数据传回地面站。而且由于一颗北斗卫星可与多颗北斗卫星建立链路，在实际进行数据传输和运行控制时，可以选择多种传输路径，可谓"条条大路通罗马"，如图 3-15 所示。

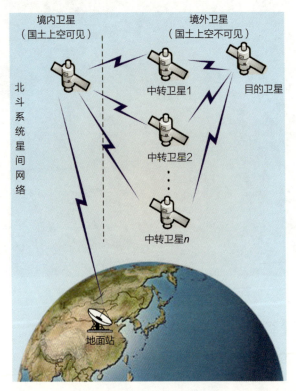

图 3-15　全网一星通，星星通

（三）地面托管时的星座自主运行

北斗系统利用星间链路精确对表和精密定轨一般需要地面站的支持，如果卫星长时间无法和地面站联系，得不到地面站支持，星座还能提供导航服务吗?卫星位置会不会乱?

不用担心,即使地面站全部失效,30颗北斗三号卫星也能在一段时间内通过星间链路获取导航卫星自主定轨和自主守时所需的基本观测量(即星间距离观测量和星间相对钟差观测量,星间距离观测量通过星间伪码测距来获取,并采用载波相位平滑伪距观测量来提高测距精度,星间相对钟差观测量则通过双向时间比对获得),并继续提供精准的定位和授时服务,地面用户通过手机等终端仍旧能进行定位导航和授时。这种模式叫做星座自主运行,即北斗卫星在长时间得不到地面站支持的情况下,通过星间双向测距、数据交换以及星载处理器滤波处理,不断修正地面站注入的卫星长期预报星历及时钟参数,并自主生成导航电文和维持星座基本构型,满足用户高精度导航定位应用需求,如图3-16所示。

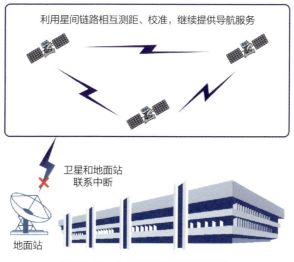

图3-16 北斗星座自主运行漫画图

星间链路的自主定轨需要处理所有卫星的观测量,可选择集中式处理和分布式处理两种方式。集中式处理是指所有卫星将观测量和状态信息发送给指定卫星（称为中心星）或地面站，由指定卫星或地面站的中心计算机对所有数据进行统一的整网平差解算，如图3-17所示。星上集中式处理，需要获取所有卫星的观测量，且平差计算量庞大，对星间链路的通信能力和中心星的星上计算能力提出了极高的要求，目前在工程上实现具有一定难度。

目前工程实践上采用的是分布式处理方法，该工作模式更适合北斗星间链路，如图3-18所示。分布式处理是指每颗卫星各自利用与自身有关的测距值等信息解算自身轨道，这是一种并行的处理方法，能够将全星座的定轨和对表计算分解到各个卫星的处理器中，减少了单颗卫星的计算量。相对于集中式处理，它提高了计算效率，也减少了卫星的成本。由于每颗卫星单独解算自身轨道和钟差，整个系统更加灵活，即使部分卫星失效也能维持星座的正常运行，同时也使得系统更加容易扩展。由于没有利用整网的观测量信息，分布式自主定轨和精确对表仅为次优估计，但仍能够满足一定时间内星座自主运行和服务的需求。

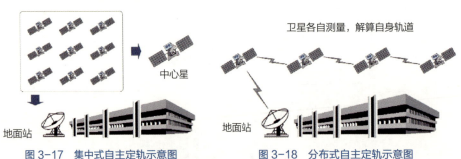

图3-17　集中式自主定轨示意图　　　图3-18　分布式自主定轨示意图

（四）未来星间链路发展展望

星间链路可进行星间距离测量和数据传输，对于提升卫星导航系统性能、加强系统运行的安全性和稳健性、增强其自主生存能力、扩展多样化服务功能等意义重大，建设稳健灵活的星间链路已经成为卫星导航领域未来的重要发展方向。

当前，世界各主要卫星导航系统都在发展或升级换代星间链路。如GPS计划在现有星间链路基础上，进一步升级能力，在具备自主运行能力的同时，降低对海外站的依赖，实现仅依赖美国境内站情况下对星座的实时监控和全网操作；格洛纳斯系统的新一代格洛纳斯-K2卫星将增加激光和射频星间链路；伽利略系统也计划在下一代卫星上配置星间链路，实现一个地面站维持星座运行并大幅提升定轨和时间同步精度。四大全球卫星导航系统星间链路发展情况如表3-1所列。

表3-1　四大全球卫星导航系统星间链路发展情况

导航系统	北斗	GPS		格洛纳斯		伽利略	
卫星	北斗三号卫星	GPS ⅡR GPS ⅡF	GPS Ⅲ GPS ⅢF	格洛纳斯-K	格洛纳斯-K2	G2G	开普勒
功能定位	① 解决区域监测跟踪网局限性 ② 提升定轨和时间同步精度 ③ 自主导航 ④ 支持国际搜救和全球短报文	自主导航	① 自主导航 ② 提升星间数传能力 ③ 实现地面一站操作更新	技术试验	① 解决区域监测跟踪网局限性 ② 时间同步 ③ 数据传输	① 仅一个地面站维持星座自主运行 ② 提升定轨和时间同步精度 ③ 数据传输	
频段	Ka	UHF	未公开	S	激光+射频	激光	激光
发展阶段	在用，全系统常态化运行	在用	在轨	在轨试验	在研	论证	论证

北斗系统不仅在北斗卫星之间建立星间链路，还能与遥感卫星、载人飞船、深空探测飞行器等其他航天器建立星间链路，如图3-19所示。未来，随着我国星间链路能力的进一步发展提升，利用星间链路可完成导航卫

星、通信卫星、遥感卫星、空间站、深空探测器等空间飞行器的互联互通，加上与地面站建立的星地链路，构成一个天地一体化综合网络，如图 3-19 所示。通过全球乃至全空域的互联，真正实现空间信息资源、链路资源、存储资源、计算资源等的共享和充分利用，重新定义空间网络和我们之间的关系。

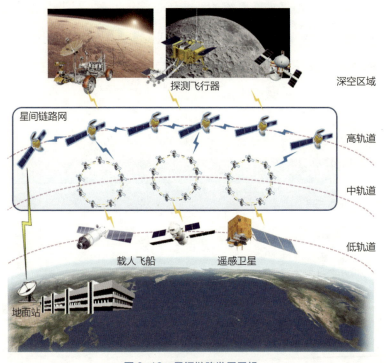

图 3-19　星间链路发展展望

四、导航信号——卫星与用户的纽带

导航信号，是卫星导航系统定位、导航和授时服务的载体，它将电磁波作为信息传输的"高速公路"，连续不间断地向用户传送导航所需要的信息。北斗导航信号经过精心的信号体制设计，实现优异的信号质量和性能，确保了高质量测量和信息传输；北斗信号设计了多种"车道"，让用户可以根据自己的服务需求选择使用不同的信号；北斗系统与GPS、格洛纳斯、伽利略等世界主要卫星导航系统开展兼容互操作国际协调，助力实现了"中国的北斗，世界的北斗，一流的北斗"。

（一）导航信号的三要素

如果把北斗卫星比作站在天上的引路人，那么，首先，人们需要收到引路人传递的信息。与日常对话利用声波传播不同，如图4-1所示，北斗卫星导航信号是通过电磁波进行传播的，即载波，如图4-2所示。其次，人们在计算自己和北斗卫星引路人的距离时，需要一把精确的"尺子"，即测距码。再次，人们需要明白引路人的信息内容，知道怎样根据引路人的信息

音频4.1~4.3节

图4-1 声音传播漫画

计算自己的位置，引路人的信息内容就是北斗导航信号中传递的信息，即导航电文。因此，载波、测距码和电文成为导航信号的三要素。

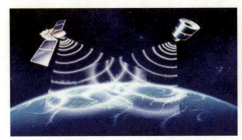 

图 4-2　导航信号

1. 载波——承载信号的电磁波

导航信号通过电磁波传播，将承载信号的电磁波称作载波，以频率的高低区分。对于北斗卫星信号来说，称为载波频率。如图 4-3 所示，可以看到电磁波频段对应的名称，北斗卫星导航信号采用的频段是比可见光频率低的无线电频段。

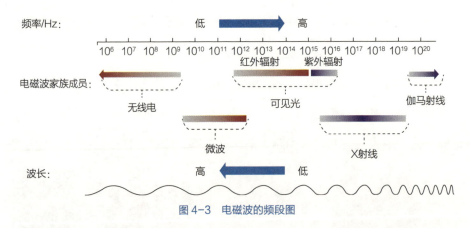

图 4-3　电磁波的频段图

无线电频段也是一种资源，由国际无线电联盟分配给无线电导航的是 L 频段，如图 4-4 所示，主要有：1 559～1 610MHz、1 164～1 215MHz 和 1 215～1 350MHz。

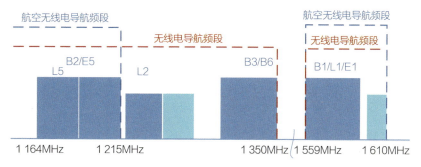

图 4-4　卫星导航系统导航频率分配情况

除此之外，S 和 C 频段也是无线电导航可使用的频段。S 频段为 2 483.5～2 500MHz，C 频段为 5 010～5 030MHz。

2. 测距码——精密的测量尺

为用户提供导航服务的信号最主要功能是测量卫星到用户的距离，而为了测量距离，需要在卫星导航信号中增加测距码。测距码就像一把尺子，这把尺子自身的精度决定了测量距离的准确性。

测距码是如何实现测距的呢？

北斗卫星发送一串看似没有规律的 0 和 1，称为伪随机码，比如 01001010001…，同时告诉地面接收端发送这串数字的时间，接收端收到这串数字后，能够计算出这串数字从卫星发射到用户收到它经过的时间 ΔT，并计算出卫星到接收端的距离，如图 4-5 所示。

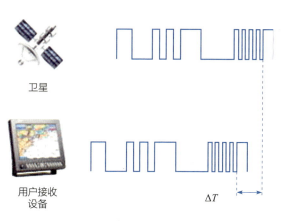

图 4-5　测距码测距原理示意图

3. 导航电文——用户定位的数据基础

北斗卫星信号不停地重复播发几项基本信息：

（1）"我是第 N 号卫星。"

（2）"这里现在是×年×月×日×时×分×秒。"

（3）"我这里的位置坐标是……"

（4）"我的卫星朋友们大概位置都在……"

而需要导航服务的人们通过接收终端收到这些信息后，再利用前面的测距码测距，就能计算出距离。人们把卫星信号一直不停地重复播发的信息叫做导航电文，它也是用户定位的数据基础，如图 4-6 所示。

图 4-6　导航电文传递信息

（二）导航信号的产生

导航信号是载波、测距码和导航电文三要素按照一定规则合成的，合成的过程即信号调制。为了防止出错，用户还要进行验证，证明其听到的话是否正确，这一过程即信道编码。

1. 信号调制——给信号频谱赋形

信号调制就是将信号从低频（信息）转换到高频（载波）。思路很简单：用信息乘以高频载波。

信号调制就像是载波、测距码和导航电文的"加工厂"，测距码、导航电文是 0 和 1 构成的随机数字，无法直接在信道中进行传输，经过"加工工序"变换成一个适合信道传输的高频信号,这个加工工序就是信号调制,导航电文和测距码的运算规则为 1⊕1=0,1⊕0=1,0⊕1=1,0⊕0=0,得到的结果与载波相乘,形成卫星导航信号,如图 4-7 所示。

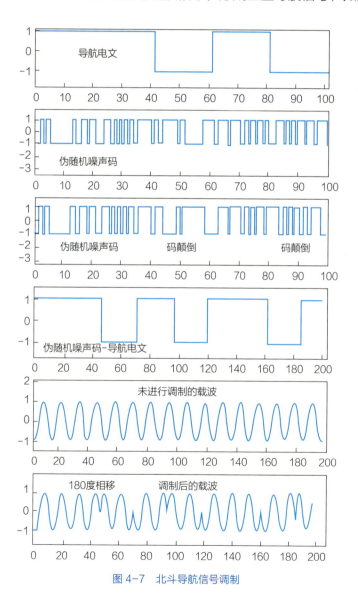

信号调制

图 4-7 北斗导航信号调制

北斗导航信号的载波、测距码、导航电文、信号调制和信号编码方式均采用了不一样设计，如图4-8所示。每个导航信号频点会播发多种信号，以B2频点为例，既播发用户定位导航信号，又播发全球短报文信号，可以说北斗信号在有限的频谱资源上实现了高效利用。

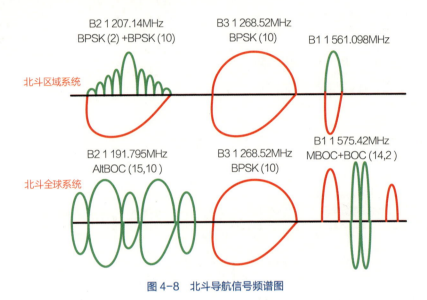

图4-8 北斗导航信号频谱图

2. 信道编码——增加信号传输的可靠性

"信道"就是信号传输的通道，也就是信号从发射端到接收端经过的传输媒介，比如无线信号经过大气层传输，有线信号经过线缆传输，大气层和线缆就是典型的传输信道。卫星导航信号强度不高，容易受到干扰，发送的数据和接收到的数据会产生差异。信道编码就是为了判断所接收的信号是否正确，并对错误进行纠正，因而也叫差错控制编码。在发送端对原数据添加额外的信息（冗余信息），接收端根据这些信息判断和纠正传输过程中产生的差错，如图4-9、图4-10所示。

第二篇 世界一流的北斗导航 75

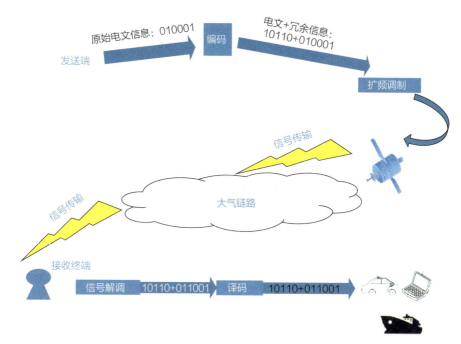

图 4-9 信道编码－译码示意图

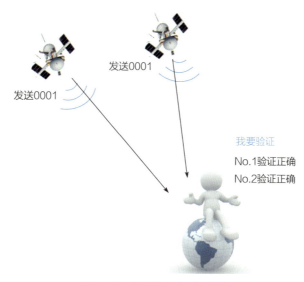

图 4-10 信道编码验证与纠错

（三）自主创新、兼容共用的北斗信号

北斗系统已成为国家核心重大时空信息基础设施，实现了自主创新以及与其他卫星导航系统的兼容互操作，催生了年产值数千亿元的战略新兴产业，带动了相关领域科技创新和技术进步，取得了巨大的经济和社会效益。

1. 自主的产业需要自主的信号体制

2011 年底至 2013 年初，英国和美国之间爆发了一场围绕卫星导航信号的专利纠纷，这场纠纷最终以 2013 年 1 月 17 日英、美两国发表联合声明而告终。联合声明表明：英、美两国将会共同确保 GPS 民用信号永远免费，英国将把政府持有的涉及美国 GPS 民用信号的专利和专利申请奉献给公共领域。当时，面对国外在多国部署的全球卫星导航信号专利，中国北斗系统及相关产业会产生大量的专利费用，将严重影响北斗系统的应用产业发展。

国内信号体制领域专家在极短的时间内完成了具有自主知识产权的导航信号体制设计，并部署专利，形成了独具特色、性能先进、国际兼容的北斗卫星导航信号，取得了以正交复用二进制偏移载波调制（QMBOC）信号体制与多进制低密度奇偶校验码（LDPC）编码等为代表的一系列自主创新成果和多项国内和国际发明专利。

2. 北斗信号的多重使命

北斗具有多种功能，其中导航定位服务（RNSS）是北斗信号最基本的功能，除此之外，北斗信号可提供全球短报文通信（GSMC）、区域短报文通信（RSMC）、星基增强（SBAS）、国际搜救（SAR）、精密单点定位

（PPP）等多种服务，具有多重功能。北斗三号系统信号与服务对应关系如表 4-1 所列。

表 4-1 北斗三号系统信号与服务一览表

服务类型		信号频点	卫星
导航定位服务（RNSS）	公开	B1I、B3I、B1C、B2a	3IGSO+24MEO
		B1I、B3I	3GEO
短报文通信服务（SMC）	区域	L（上行）、S（下行）	3GEO
	全球	L（上行）	14 MEO
		B2b（下行）	3IGSO+24MEO
星基增强服务（SBAS）	区域	BDSBAS-B1C	3GEO
		BDSBAS-B2a	3GEO
国际搜救服务（SAR）		UHF（上行）	6MEO
		B2b（下行）	3IGSO/24MEO
精密单点定位（PPP）	区域	PPP-B2b	3GEO

（1）导航定位服务

导航定位服务(RNSS)是北斗信号可提供的基本导航服务，用户接收 RNSS 信号，自主完成距离测量，并进行位置、速度等参数解算，以实现定位、测速和授时功能。

3 颗"爱星"和 24 颗"萌星"在 B1、B2、B3 三个频点播发 B1C、B1I、B2a、B2b、B3I 五个信号，3 颗"吉星"在 B1、B3 两个频点播发 B1I、B3I 信号，如图 4-11 所示。

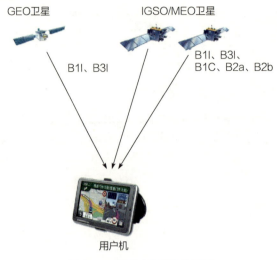

图 4-11　导航定位服务信号图

（2）短报文通信服务

北斗短报文分为区域短报文和全球短报文，是北斗系统的"独门绝技"。导航卫星和通信卫星是两种类型的卫星，但北斗系统导航卫星却附加了部分通信功能。北斗用户利用北斗信号接收机，不仅可以知道自己的位置，还可以通过短报文将自己的情况告诉他人。

北斗系统提供区域短报文通信服务的信号位于 3 颗"吉星"，用户终端发出短报文信息，通过 L 频点上行信号传送给卫星，卫星将短报文信息传送给运控中心，运控中心接收到用户的信息后，发送给北斗卫星，北斗卫星通过 S 频点下行信号将短报文信息发送给目标用户，如图 4-12 所示。

北斗导航系统提供全球短报文通信服务，14 颗"萌星"负责接收用户通过 L 频段上行信号发送的报文信息，经过星间链路分发到全网，3 颗"爱星"和 24 颗"萌星"通过下行 B2b 频点信号播发落地，为全球区域用户提供短报文服务，如图 4-13 所示。

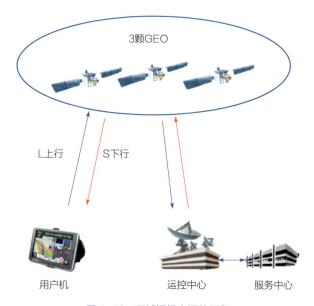

图 4-12　区域短报文通信服务

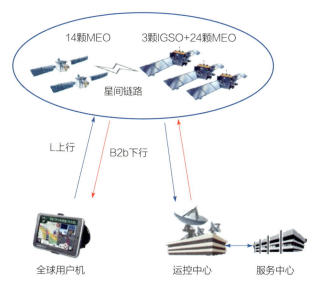

图 4-13　全球短报文通信服务

(3)星基增强服务

星基增强服务通过 GEO 卫星搭载 SBAS 导航增强信号转发器,向用户播发卫星轨道、卫星钟差等多种修正信息以及相应的完好性信息,实现对原有卫星导航系统定位精度的改进和安全性的提升,是各卫星导航系统竞相发展的手段,如图 4-14 所示。

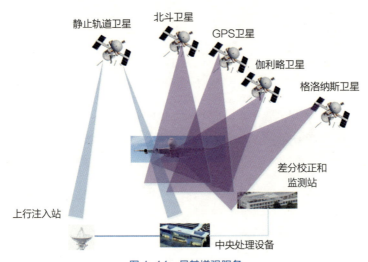

图 4-14 星基增强服务

北斗系统提供 SBAS 服务的信号由 3 颗 "吉星" 播发,包括 BDSBAS-B1C 和 BDSBAS-B2b 共 2 个频点信号,为中国及周边用户提供符合国际民航组织标准的星基增强服务,性能满足国际民航 I 类精密进近指标。

(4)国际搜救服务

北斗国际搜救服务按照国际海事组织搜救卫星系统标准建设,与其他国际卫星搜救系统联合提供免费的公益性服务。举个例子,渔船在作业过程中遇到恶劣天气遇险,搜救终端在触水之后会自动把搜救信号发到卫星上,卫星会把这些信息转发到地面系统,地面系统可以快速计算出遇险者的位置,告诉附近的救援力量快速开展搜救工作,求救者还可以通过终端收到回执信息,了解救援力量准备情况,如图 4-15 所示。

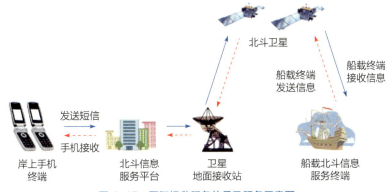

图 4-15 国际搜救服务信号及服务示意图

北斗系统国际搜救服务通过 6 颗"萌星"接收求救者上行 UHF 频点信号,通过下行 B2b 频点信号实现搜救返向链路,为求救者提供搜索和救援服务。

(5)精密单点定位服务

精密单点定位服务通过地面监测站采集区域内可视卫星数据,进行必要的预处理后,快速计算出卫星广播星历的卫星轨道改正数和钟差改正数、不同信号频点之间的频间偏差,将这些改正数发送至注入站,上注至 GEO 卫星,并经 GEO 卫星 B2b 信号向覆盖区域内用户播发。此外,监测站和主控站还会接收和回收 PPP 增强电文,以完成对服务的有效闭环检核。目前北斗精密定位服务除了播发北斗卫星的轨道改正数、钟差改正数以及频间偏差外,还播发 GPS 卫星的精密轨道和钟差等改正参数,为中国及周边地区用户提供星基播发的动态分米级、静态厘米级的高精度服务。

北斗系统提供 PPP 服务的信号主要通过 3 颗"吉星"播发,为中国及周边地区用户提供 PPP 服务，如图 4-16 所示。

图 4-16　精密定位服务信号图

3. 与其它导航系统的兼容共用

兼容是指两个或多个卫星导航系统共同工作时，不会对单个系统服务产生不可接受的干扰。从技术层面上讲，主要是在频段选择、信号调制方式以及信号功率设计等方面不会对其它系统产生不可接受的干扰。各系统在实际导航频段的使用上不可避免地发生重叠，如图 4-17 所示。为了实现多系统信号较好的兼容，北斗系统在设计之初就进行了统筹考虑，并和 GPS、格洛纳斯、伽利略建立了协调渠道。目前，北斗已实现与 GPS、格洛纳斯的兼容，与欧洲伽利略也进行了多轮频率兼容协调。

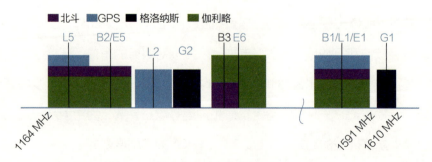

图 4-17　频谱重叠示意图

在兼容的基础上，为给用户提供更好的联合服务，各系统也在加强互操作协调。互操作比使用单一系统能够得到更好的性能。从技术层面上，互操作包括空间信号互操作、星座互补，也包括时间和空间参考系统互操作。世界各国对卫星导航系统的兼容和互操作高度重视，2005 年，联合国外空司倡导成立全球卫星导航系统国际委员会 (ICG)，以加强卫星导航系统间的兼容与互操作协调与交流，并促进世界各国对卫星定位、导航、授时服务的应用。

（四）比肩全球的北斗信号性能

无论身在何处，它总能准确定位；要去哪里，它也可以详细指引最佳路线，避免走弯路……这就是日益方便人们生活的卫星导航系统。北斗信号的性能直接影响定位精度，从北斗系统发展阶段来看，北斗一号的技术水平和服务能力处于跟跑状态，北斗二号的技术水平和区域服务能力与国际水平相当；到了北斗三号，提供的导航服务精准度更高，性能具有国际一流水平。

1. 堪称完美的信号质量

如果此时你正在开车或刚好到岔道路，信号变弱，可能会非常焦躁。信号从卫星正常发出到用户接收的过程中，信号会发生变化，那么谁来监测信号？

2014 年初，我国在陕西省洛南县自主研发建成了全球首个基于 40m 口径天线的空间信号质量评估系统，用于监测与评估北斗可视卫星的信号质量，同时还对 GPS、伽利略在轨卫星进行长期的监测与评估。评估结果已成为北斗卫星入网与在轨故障诊断的重要判据和分析依据，如图 4-18 所示。

音频 4.4 节

图 4-18　信号质量评估天线

北斗信号质量评估工作针对卫星信号十余类指标，开展不间断监测评估工作。以下分别展示北斗信号地面接收功率、信号调制功率谱、信号测距偏差、信号相关相干特性等具有代表性评估结果。

（1）北斗信号地面接收功率

生活中，人们使用手机导航，有时网络信号格会从 4 格变成 3 格，甚至变成 1 格，通常用户会说信号不好，无法导航定位，其实就是信号到手机端的功率不稳定。卫星导航信号是一种波，具有一定的能量，功率稳定是导航信号的基本要求。

监测评估人员利用大口径天线、高精度标准仪器和专用导航信号测试设备，长时间跟踪北斗卫星导航信号，评估信号地面接收功率是否稳定，评估的结果表明北斗各卫星导航信号落地功率稳定性和一致性好。北斗卫星民用 B1 频点导航信号的地面接收功率监测结果如图 4-19 所示，从图中可以看到北斗卫星 B1 信号的地面最小功率均大于 -158dBW，满足用户的使用要求。

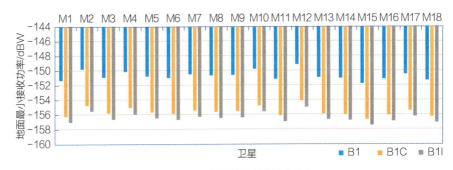

图 4-19　B1 信号地面最小接收功率

（2）信号功率谱

北斗信号频点都有自己专属的形状，高低胖瘦，即频谱。卫星飞向太空前，北斗设计师已经设计好了信号的样子，但是实际信号在从卫星传递到用户接收机过程中，信号幅频会有一定的失真。为了衡量信号的失真情况，提出了信号功率谱，采用单位频带内的信号功率，表示信号在频域内的分布情况。如图 4-20 所示，通过对比实测信号与理想信号，可以发现 B1 频点的功率谱包络一致。

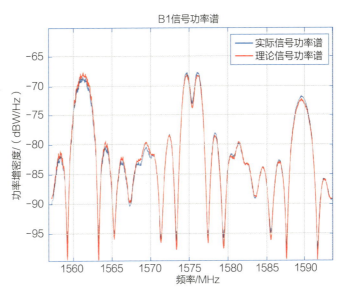

图 4-20　B1 频段信号功率谱

图 4-22 分析了北斗系统 MEO 卫星各频点信号功率谱与设计信号功率谱符合情况。由图 4-21 和表 4-2 结果分析，北斗导航卫星播发的信号功率谱完全符合信号体制设计要求。

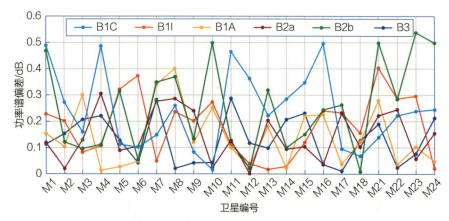

图 4-21　北斗系统 MEO 卫星信号功率谱偏差（均值）

表 4-2　北斗系统 MEO 卫星信号功率谱偏差统计分析结果

卫星系统	频点	B1			B2		B3
	支路	B1C	B1I	B1A	B2a	B2b	B3I
系统	均值 /dB	0.130	0.183	0.144	0.144	0.253	0.242
	标准差	0.088	0.117	0.116	0.093	0.172	0.147

（3）信号 S 曲线过零点偏差（SCB）

北斗三号系统信号体制设计采用多路复用和较复杂的调制技术，同频点信号间的扰动和通道非线性对宽带信号影响成为信号质量的重点。理想情况下，接收机码环鉴相曲线（S 曲线）的过零点应位于码跟踪误差为零处，而实际上由于信道传输失真、噪声等影响会给码环带来锁定偏差。SCB 最直接反映了由于信号非理想状态造成的各颗卫星的测距偏差，如图 4-22 和表 4-3 所示。

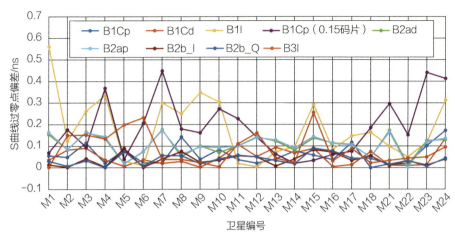

图 4-22 北斗系统 MEO 卫星信号 SCB 曲线

表 4-3 北斗系统 MEO 卫星信号 SCB 曲线统计分析结果

频点	B1				B2				B3
支路	B1Cp	B1Cd	B1I	B1Cp (0.15) 码片	B2ad	B2ap	B2b_I	B2b_Q	B3I
均值/ns	0.058	0.047	0.156	0.192	0.098	0.100	0.038	0.039	0.077
标准差	0.044	0.036	0.107	0.124	0.043	0.042	0.022	0.021	0.066

由上述结果分析，S曲线过零点偏差完全满足系统设计要求，北斗导航卫星实现了单频点多支路信号高质量播发，确保了北斗系统服务精度。

（4）信号相关相干特性

北斗三号一颗卫星可以同时播发 B2a、B1I、B1C 等不同频点的信号。在不同频点之间，导航信号的测距码并不相同，比如 B1I 测距码周期为 1ms，B1C 测距码周期为 10ms。某一时刻理想信号的周期性测距码，码与码之间边沿要严格对齐，但实际上，由于星载设备实现状态及传播等问题原因，频点之间的相位存在偏差，如图 4-23 所示。

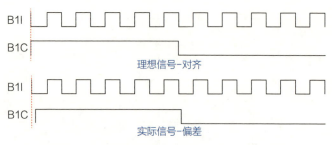

图 4-23 理想信号与实际信号的码之间相位对齐图

通过对 B2a、B1I、B1C 等不同频点相同测距码间一致性进行评估，可以得出卫星信号调制和发射过程中不同频点测距码间在单个码周期（10ms 或 1ms）的相对延迟，偏差均值统计最大为 0.001ns，优于中国卫星导航系统管理办公室公布的《北斗卫星系统空间信号接口控制文件》预设标准，如图 4-24 所示。信号码间相位的高度一致性，确保信号体制设计多项功能优势得以体现，使北斗系统具备了高精度服务能力。

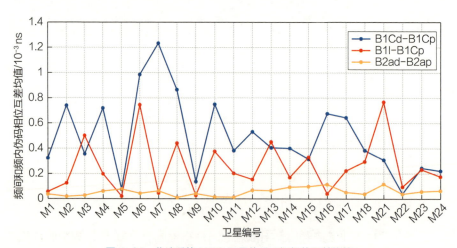

图 4-24 北斗系统 MEO 卫星信号码间相位互差均值

2. 优异的空间信号精度

空间信号精度是评价卫星导航系统性能的重要指标，它反映了卫星实际播发轨道与理想轨道的偏差，实际广播时间与系统标准时间的偏差，空间信号精度的优劣直接影响导航用户定位精度。

想要评价空间信号精度需要"理想轨道"作为参考基准，北斗工程师将精密星历作为卫星实际播发轨道精度评价的参考基准，一般在事后 12~18 天给出，以 15min 的时间间隔形成卫星位置和卫星钟差文件。

我国推动建立的全球连续监测评估系统（iGMAS）对北斗系统运行状况和主要性能指标进行连续实时的监测和评估，实时发布北斗高精度精密星历和卫星钟差、地球定向参数等产品，如图 4-25 所示。此外，国际 GNSS 服务中心根据获得的卫星观测数据信息，独立计算并生成星历、地球自转参数、卫星钟差、接收机钟差、跟踪站坐标以及站坐标转化率等 IGS 产品，其中就包括精密星历文件。科研人员可通过 iGMAS 或 IGS 分析中心获得北斗三号精密星历，并对北斗系统的广播星历进行评估。

图 4-25　iGMAS 门户网站（www.igmas.org）——实时发布系统运行状态信息

从评估结果来看，北斗系统轨道精度优于 0.5m，且各颗卫星轨道精度一致性好；卫星钟差精度优于 2ns。对轨道和钟差的评估结果进行综合处理，北斗三号空间信号精度优于 0.5m，性能达到世界一流。

五、技能满格的北斗

迈进全球服务新时代的北斗系统可提供定位导航授时服务、短报文通信服务（包括全球短报文通信和区域短报文通信）、星基增强服务、国际搜救服务和高精度精密单点定位服务，系统功能高度聚合，满足用户多样化需求。北斗系统的服务如同水、电、气一样，不断进入各行各业，进入千家万户。大到交通运输、公共安全、农林渔业等领域，小到无人机巡航、燃气泄漏和热力管线检测、城市雨水井等排水设施的定位，乃至在放牧的牛羊群身上安放内置北斗导航芯片标签……北斗的服务"只受想象力限制"。

（一）定位导航授时服务——能力世界一流

时间和空间是我们与这个世界进行交互的基本要素，从北斗七星到北斗系统，再到导航增强系统，空间定位精度从千米级提升到了米级、分米级甚至厘米级。从日晷到机械钟，再到原子钟，时间测量精度从小时级提升到了纳秒级。

音频 5.1 节

定位导航授时服务是北斗系统的基本服务，为用户提供高精度、全天时、全天候的位置、速度和时间信息。位置、速度、时间共同构成导航基本服务的三要素，因此，定位导航授时（PNT）服务通常也称为"PVT 服务"。

1. 北斗定位——从有源到无源

（1）北斗一号

北斗一号采用双星有源定位体制，以北斗一号两颗卫星（卫星坐标已知）为球心，两颗卫星到用户机的距离为半径（约为36 000km）分别作两个球。两个球必定相交产生一个大圆，用户机的位置就在这个大圆上，如图5-1所示。这个大圆和地球表面在北半球和南半球分别交于A、B两点，而我国在北半球，那么就可以确定出用户机的位置。

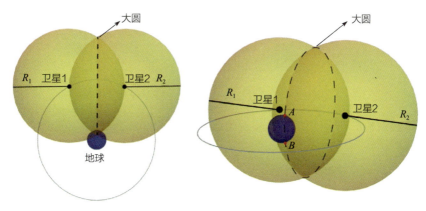

图5-1　北斗一号定位原理

北斗一号授时可分为单向授时和双向授时。在单向授时模式下，用户机不需要与地面中心站交互，但需已知接收机精确坐标，从而可计算出卫星信号传输时延，经修正得出本地精确的时间，北斗单向授时原理如图5-2所示。中心控制站精确保持标准北斗时间，并播发授时信息，为用户提供时延修正值。标准时间信息经过中心站到卫星的上行传输延迟、卫星到用户机的下行延迟以及其他各种延迟（对流层、电离层等）传送到用户机，用户机通过接收导航电文及相关时延信息自主计算出钟差并修正本地时间，使本地时间和北斗时间同步。

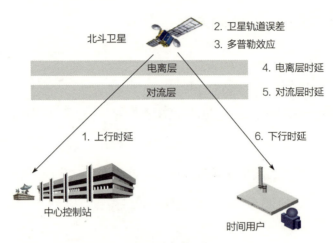

图 5-2　北斗一号单向授时原理

双向授时需要用户与中心控制站之间进行双向交互实现高精度授时。首先，用户机向中心控制站发送授时申请，中心控制站收到申请后，通过卫星向用户播发授时服务，如图 5-3 所示。

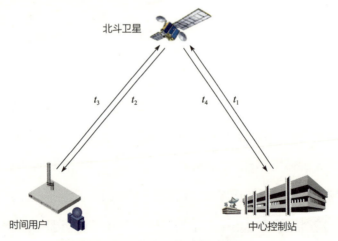

图 5-3　北斗一号双向授时原理

（2）北斗二号、北斗三号

北斗二号、三号在有源定位体制的基础上，增加无源定位体制，通过测量 3 颗卫星到用户机之间的距离计算用户机的位置，以 3 颗卫星为球心，3 个球面一般有 2 个交点，用户位于两个交点中的一个点上，另一个为模糊镜像点，排除模糊点后，即可得到用户机位置，如图 5-4 所示。

以北斗 3 颗卫星（卫星坐标已知）为球心，3 颗卫星到用户机的距离为半径分别作 3 个球，设 3 颗卫星到用户机的距离

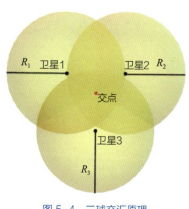

图 5-4　三球交汇原理

为半径分别为 R_1、R_2、R_3，3 颗卫星发射信号的时刻分别为 t_s^1、t_s^2、t_s^3，用户机接收时刻为 t_r，3 颗卫星的坐标分别为（x_1, y_1, z_1）、（x_2, y_2, z_2）、（x_3, y_3, z_3），接收机的坐标为（x_0, y_0, z_0），那么可以得到如下方程：

$$R_1 = c\,(t_r - t_s^1) = \sqrt{(x_1 - x_0)^2 + (y_1 - y_0)^2 + (z_1 - z_0)^2}$$

$$R_2 = c\,(t_r - t_s^2) = \sqrt{(x_2 - x_0)^2 + (y_2 - y_0)^2 + (z_2 - z_0)^2}$$

$$R_3 = c\,(t_r - t_s^2) = \sqrt{(x_3 - x_0)^2 + (y_3 - y_0)^2 + (z_3 - z_0)^2}$$

从理论上来说，对 3 颗卫星进行观测并接收其信号，可以实现用户位置解算。但是实际情况下，用户机一般采用性价比高但精度差的钟或晶振计时，其时间和北斗系统时间不同步，通常会有一个偏差。举个例子，北斗系统时间现在是 8 时整，用户机是 8 时 0 分 03 秒，那么二者之间的钟差就是 3s，对应卫星到用户机之间的距离误差将达到 900 000km。为此，引入"钟差"Δt，此时需要对 4 颗或 4 颗以上卫星进行观测，并接收其信号，解算得到用户位置与时间偏差，即可实现定位和授时。假设由导航电文计算得到的四颗卫星坐标分别为（x_i, y_i, z_i），$i = 1, 2, 3, 4$。用户位置坐标为

(x_0，y_0，z_0)，用户时钟相对于北斗系统时间的时差为 Δt，则有：

$$R_1 = \sqrt{(x_1 - x_0)^2 + (y_1 - y_0)^2 + (z_1 - z_0)^2} + c\Delta t$$

$$R_2 = \sqrt{(x_2 - x_0)^2 + (y_2 - y_0)^2 + (z_2 - z_0)^2} + c\Delta t$$

$$R_3 = \sqrt{(x_3 - x_0)^2 + (y_3 - y_0)^2 + (z_3 - z_0)^2} + c\Delta t$$

$$R_4 = \sqrt{(x_4 - x_0)^2 + (y_4 - y_0)^2 + (z_4 - z_0)^2} + c\Delta t$$

求解上述方程组可以得到用户位置（x_0，y_0，z_0）和用户相对于北斗时的时间差 Δt，利用 Δt 修正用户钟就可以实现授时。

2. 导航定位授时服务各行各业

北斗三号系统共 30 颗卫星，在全球任何地区至少可观测到 6 颗卫星；亚太地区由于有高轨卫星，可见卫星数目为 7～15 颗，平均可见卫星数目为 11 颗，如图 5-5 所示。可见卫星数保证了优质的定位导航授时服务，无论您在国内，还是在国外，都可以享受北斗的导航定位授时服务。

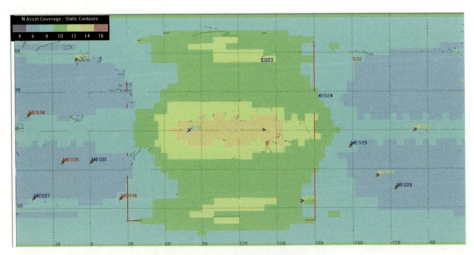

图 5-5 北斗三号系统可见卫星数分布

现在，北斗系统定位精度已达到 5m 以内，在中国境内还能够提供实时分米级、厘米级和后处理毫米级的高精度服务，授时能力达到 10ns。

定位导航服务融入到日常生活，如常用的手机导航、车载导航、公交车进站提醒、共享单车等。此外，也助力农业、交通、能源、通信、电力等各个领域，详细介绍见第八章，如图 5-6 所示。

图 5-6　北斗定位导航服务

在日常生活中，手机、计算机等设备都可以通过移动网络或宽带网络获得授时服务，通常准确度为毫秒量级，然而，卫星导航系统的授时功能更精确，误差为纳秒量级。在警匪片里，特警冲进匪徒据点抓捕前，都会对表，这就是为了保证协调性，确保每个人在规定时间发起攻击。

精确的时间同步对金融系统、通信系统、电力系统等涉及国家经济社会安全、依赖高精度时间同步的诸多关键基础设施至关重要。尤其是在金融领域，提供高精度的时频保障，可规范金融交易行为，促进金融行业健康发展，如图 5-7 所示。同时，北斗授时也应用于远洋、高原等不便通过通信网络实现授时的地域。

图 5-7　北斗授时服务

（二）短报文通信服务——北斗独门秘笈

北斗短报文通信服务一直是北斗系统的最大特色。2003 年以来，从北斗一号开始，就为用户提供通信与定位一体的短报文通信服务。北斗二号、北斗三号继续提供该服务，这一点是其它卫星导航系统所不具备的。短报文通信服务既能传输文字，还可传输图片。根据覆盖范围的不同，分为区域短报文通信和全球短报文通信两种模式。

1. 短报文通信服务由来

北斗系统短报文通信，是指北斗短报文通信终端和北斗卫星或北斗地面站之间能够直接通过卫星信号进行双向的信息传递，通信以短报文（类似手机短信）为传输基本单位，是北斗系统特有的功能。

北斗短报文

短报文来源北斗一号的双星定位，由 2 颗地球静止卫星、1 颗在轨备份卫星、中心控制系统、标校系统和各类用户机等组成，能实现区域导航、定位、通信等多种用途，定

音频 5.2～5.3 节

位与通信兼备成为其一大特点。当需要定位的时候，需要呼叫"北斗，北斗，我是 XX，请给我定位"，这就是北斗短报文的由来。

对于两个都具备短报文通信终端的用户来说，其通信流程为用户 A 将发送的信息经北斗卫星传输到主控站，主控站根据接收目标位置，通过北斗卫星发送给目标用户 B，反之亦然。不仅如此，短报文通信服务支持一对多的通信服务，即指卫星可同时播发给用户 B、用户 C 等，如图 5-8 所示。

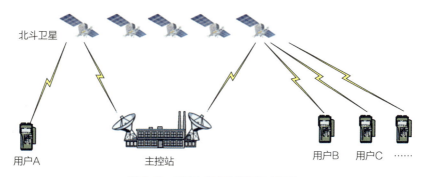

图 5-8　系统内用户终端短报文通信

此外，北斗短报文通信服务还支持系统内用户与其他系统间用户的通信，如移动用户、互联网用户以及其他专网用户，都可以通过其运营中心与

主控站之间的网络接入北斗短报文通信服务。这极大地拓展了北斗短报文通信服务的应用范畴,如图 5-9 所示。随着北斗短报文应用的不断普及,目前已有不少手机厂家支持北斗短报文通信功能。

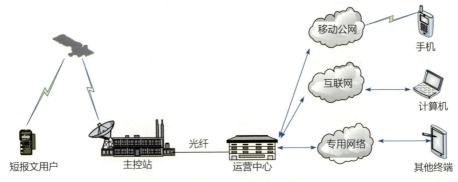

图 5-9　系统间用户终端短报文通信

北斗短报文具有覆盖地区广、成功率高等优点,特别适用于地面移动通信难以覆盖的地方。基于位置报告、应急搜救及报文通信 3 种基本服务,北斗短报文可在物联网、远洋航行、生命安全等领域发挥重要作用。

2. 短报文通信分类

根据覆盖范围的不同,北斗短报文通信服务分为区域短报文通信和全球短报文通信。

(1)区域短报文通信服务,顾名思义,有一定的地理范围,目前为亚太地区,也就是我国及周边地区。北斗系统通过 3 颗 GEO 卫星,转发短报文终端发送给卫星的信息,GEO 卫星的轨道特点决定了其播发的信号只能覆盖一部分区域,经度范围 75°～135°,纬度范围 10°～55°,提供区域短报文通信服务。

(2)全球短报文服务采用星上处理方式,MEO 卫星是提供该服务的载体,卫星通过星间链路互联,形成星间信息传输网,进行全球短报文数据的传递。北斗三号已经实现全球覆盖,用户只需将消息通过短报文终端成功发送给卫星,消息在星间链路传递,当某一颗卫星与地面运控中心可见时,卫星把消息带给地面运控中心,无需在全球建立地面站,就可实现全球用户全时段使用,如图 5-10 所示。

从北斗一号到北斗三号,北斗区域短报文通信服务能力不断升级拓展,区域短报文通信能力由每次 120 个汉字升级到 1 000 个汉字,传输文字和图片更加高效便捷;在北斗三号中,全球短报文通信每次可传输 40 个汉字,成为首个实现全球通信功能的卫星导航系统。

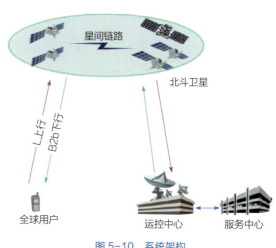

图 5-10 系统架构

3. 北斗短报文大显神威

北斗短报文在很多极端环境下(如地震、洪水、台风等),已经发挥并将继续发挥重要作用。装有北斗短报文模块的北斗终端可以通过短报文进行紧急通信,在国防、民生、应急救援等领域具有潜在的应用价值。通过以下几个现实生活中的例子,来看一看北斗短报文是如何大显神威的。

2008 年汶川特大地震发生后,地面通信设施被摧毁,汶川变成信息孤岛。在震后的第 22 小时,一个红点突然出现在指挥中心监控屏幕上:"沿着马尔康、黑水的 317 国道急进汶川",如图 5-11 所示。这是一支携带北斗终端奉命前往灾区的武警救援部队,通过北斗短报文传回的第一条信息,它打通了生命救援的信息通道,为指挥部的决策提供了重要依据。在灾区通信没有完全修复,信息传送不畅的情况下,震区唯一的通信方式就是北斗短报文,救援部队紧急配备了1 000多台具有短报文功能的用户机,实现了各点位之间、点位与救援指挥部之间的直线联络,如图5-12所示。各救援部队利用北斗短报文功能及时准确地完成信息传递和交互,救援指挥部可以通过北斗系统,精确知道各路救灾部队的位置和相关情况,以便根据灾情下达新的救援任务。

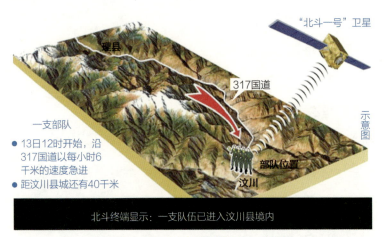

图5-11 汶川特大地震后传回第一条消息

图5-12 震区救援人员通过北斗终端进行联络

茫茫大海上没有手机信号，船在海上行驶遇到突发情况需要救援时怎么办呢？可使用海事电台呼叫海事局，但海事电台的有效作用距离短，不超过30海里，范围有限；也可使用海事卫星电话呼救，但是卫星电话设备和费用昂贵，近海小渔船配置成本高昂。相比前两种呼叫手段，具有短报文通信功能的北斗终端不仅能定位导航，遇险还能发送短报文呼救，我国渤海、黄海、东海、南海等海域大批量渔船几乎都配备了操作容易、费用低、响应快并具有短报文通信的北斗终端，广大渔民视北斗系统为他们的"海上保护神"，如图5-13所示。

图5-13　全球搜索救援

深山无人区探险时，探险人员或驴友们无法使用普通手机网络信号对外通信，可以携带具有短报文功能的手持终端，遇到突发情况，可以借助北斗卫星发出求救信号，接收指挥中心的信息反馈，等待救援。

（三）星基增强服务——精度和完好性，一个也不能少

尽管四大卫星导航系统的基本定位服务能够满足车辆、船舶等大众用户的需求。然而，对于民航、铁路、测绘等生命安全和高精度领域用户而言，

基本定位服务在完好性和精度等方面难以满足要求,北斗星基增强服务能够在这些领域中大显神威。

1. 星基增强服务建设历程

为满足以民航为代表的高完好性需求,如图 5-14 所示,北斗开展了星基增强系统建设。星基增强系统可实现精度增强和完好性监测与预警,精度增强主要是在基本导航服务基础上,提供米级定位服务,满足高精度用户需求;完好性监测与预警能够在卫星和系统异常或故障时及时检测并向用户告警,保障航空等生命安全领域用户的安全。

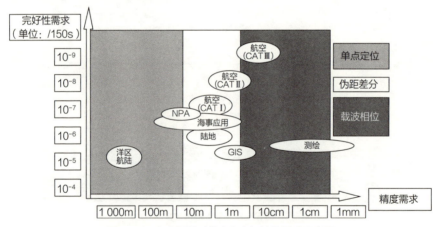

图 5-14　各个领域对精度和完好性的需求示意图

2012 年,北斗系统星基增强服务开始系统方案体制论证,随后开展单频 SBAS 试验测试工作,积极参与国际工作组相关标准的修订工作;2015 年,开始地面监测站组网的布设,开展双频多星座 SBAS 服务的试验工作,并在 2018 年发射第 1 颗北斗 SBAS GEO 卫星;2020 年,完成了 3 颗 GEO 卫星发射,为中国及周边区域用户提供 SBAS 服务,具备初始运行能力。

目前，正在开展北斗 SBAS 的性能提升和民航测试认证工作，计划 2022 年后北斗 SBAS 具备完整运行能力。北斗星基增强遵循国际航空无线电技术委员会（RTCA）运行性能标准，如图 5-15 所示。

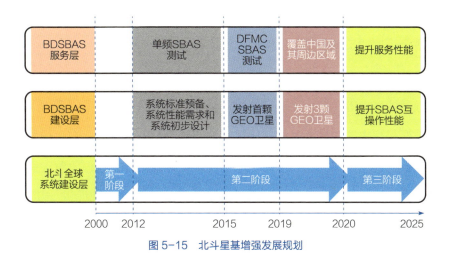

图 5-15　北斗星基增强发展规划

北斗星基增强系统主要由空间段、地面段和用户段三大部分。空间段包括 3 颗播发增强服务信号的北斗 GEO 卫星，地面段主要包括运行控制中心、数据处理中心、注入站及监测站，用户段主要包括面向民航、海事及铁路等行业应用的星基增强用户设备。

2. 北斗星基增强精度服务

星基增强服务在我国境内及周边地区布设多个地面监测站，对卫星导航系统信号进行连续观测，地面监测站将观测数据流发送到运行控制中心，运行控制中心经过数据处理、计算，得到卫星星历改正数、卫星星钟差、电离层延迟等多种修正信息，并将修正信息发送到注入站，注入到 3 颗地球静止轨道卫星，卫星搭载导航增强信号转发器向用户播发修正信息，实现对原有卫星导航系统定位精度改善，达到米级的增强定位精度。

3. 北斗星基增强完好性服务

星基增强精度服务满足高精度用户的需求，但如果用户使用异常或故障卫星却未被告知时，会出现安全隐患，甚至导致飞机不能安全降落，影响航空安全。北斗星基增强完好性服务，从用户的安全性出发，为航空、铁路等生命安全领域的可靠导航应用提供支持。

北斗系统如何进行完好性监测并提供服务呢？总体来说，包括数据采集、数据处理、电文编排、电文注入与播发、用户解算等流程步骤。

数据采集主要由地面监测站完成。地面监测站对区域内所有可视北斗导航卫星进行连续多重监测，形成伪距、载波观测数据，并通过气象设备采集气象数据，完成预处理。北斗地面监测站实行全天 24h 连续观测，以 1s 的频度将观测数据发送到数据处理中心。

数据处理主要由数据处理中心完成。数据处理中心基于观测数据完成轨道确定和时钟数据提取、电离层延迟差分信息解算、卫星差分信息解算、完好性信息计算，生成差分信息（星历改正数、时钟改正数、格网电离层延迟改正数等）和完好性信息（用户差分距离误差、格网电离层垂直误差、双频距离误差、降效参数等），并送至运行控制中心。

电文编排主要由运行控制中心完成。运行控制中心利用数据处理中心提供信息，按照相应的协议进行增强电文编排，再发送至注入站。

电文注入与播发主要由注入站和卫星完成。注入站将增强电文上注至北斗 GEO 卫星，通过 GEO 卫星下行信号向中国及周边地区的用户广播。

用户解算主要由配备北斗 SBAS 接收机的用户完成。用户接收北斗 GEO 卫星播发的增强电文，利用电文中的差分信息提高定位精度，利用电文中的完好性信息计算保护级，来确定当前服务是否能够使用，如果保护级大于告警门限，立刻向用户发出告警。

（四）国际搜救服务——生命的守护神

北斗三号提供国际搜救服务，该服务与其他国际卫星搜救系统联合开展，主要用于水上、陆地以及空中遇险目标的定位和救援，是一项显著提升全球遇险安全保障能力的免费公益性服务。

1. 与国际标准接轨的服务

全球卫星搜救系统（COSPAS-SARSAT）是由加拿大、法国、美国和苏联联合开发的全球公益性遇险报警系统，是国际海事组织推行的全球海上遇险与安全系统的重要组成部分。该系统已成功地应用于世界范围内大量的遇险搜救行动中，在2 000多起遇险事件中已成功地救助不少于7 000人。国际海事组织在《国际海上人命安全公约》中明确规定：所有总吨数300t以上的船舶必须按照要求装备遇险定位与搜救设备。

搜救服务国际化，是北斗系统对国际搜救的贡献，体现了大国的责任和担当。在国际搜救组织框架下，我国按要求完成了北斗搜救载荷入网启用测试，与国际搜救组织理事国协调签订政府间合作声明，并积极开展加入"空间设备提供国"相关工作（图5-16）。同时，深度参与国际搜救相关标准制定，推动北斗中轨搜救载荷进入国际搜救卫星组织中轨搜救载荷相关标准，推动北斗返向链路进入国际搜救卫星组织遇险信标标准，并参与国际电工委员会终端相关标准制定。

北斗国际搜救服务

音频5.4～5.5节

北斗系统加入国际搜救卫星组织，有利于提高全球范围内人民生命财产救援能力，提升北斗系统在卫星导航领域的国际影响力和话语权。

图 5-16　国际搜救卫星组织联合委员会第 33 次会议

2. 北斗如何用于国际搜救服务

北斗三号具备国际搜救服务能力，在 6 颗中圆地球轨道（MEO）卫星上，搭载中轨搜救载荷，可以与其他全球中轨搜救系统一起为全球用户提供搜索救援服务。目前，全球四大卫星导航系统的卫星上均安装有搜救载荷。

早期，搜救卫星星座由苏联的 COSPAS 卫星和美国的 SARSAT 卫星组成，主要在高轨地球静止卫星 GEO、低轨 LEO 卫星上安装搜救载荷，为遇险用户提供服务。高轨地球静止卫星位于 36 000km，虽然覆盖面广，但距地面太远，如果地面用户发出的信号比较弱，卫星无法获得地面信号。低轨卫星位于 500~1 000km，卫星运行轨道一般为极轨道，运行轨道较低，单颗卫星覆盖地球的面积比地球同步静止卫星小，对遇险目标来说存在着一定的等待时间，尤其是在靠近赤道地区，两颗卫星飞越同一地区的时间间隔最长可达 1.5h。

北斗中圆轨道卫星是搜救服务的优质载体，可面向大范围区域提供无线电搜索救援服务，通过星间链路实现更广范围的覆盖，如图 5-17 所示。

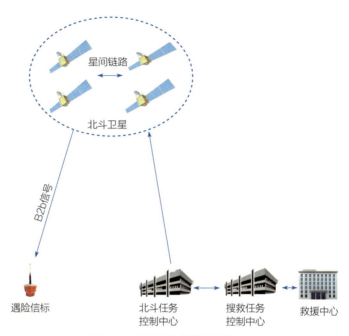

图 5-17　北斗国际搜救服务模式

3. 救援服务实现双向通信

相比其他搜救系统，北斗国际搜救服务实现了双向通信，独具特色。该特色主要体现在两方面：① 北斗三号利用国内的地面站及星间链路就可支持返向链路信息全球传输，不需要像某些系统，在全球范围建设数量众多的地面站；② 采用支持多种消息类型的 B2b（MEO/IGSO）导航信号播发返向链路信息，可将回执以及地面救援力量准备情况等发送给遇险者，并根据遇险者的不同进行差异化定义，从而提高遇险人员在等待救援过程中的信心，大幅提高搜救的成功率，体现对遇险者的人文关怀。搜救返向链路的设计和实施是北斗系统的重要创新，目前国际搜救卫星组织已将返向链路作为一项先进技术进行标准制定，成为了国际搜救的热点方向之一。

对于用户来说，使用国际搜救服务，需要配备标准 406 信标发射器和北斗接收机。若遇突发危险情况，用户通过信标发射器发出携带用户标识的遇险信号，通过卫星上的 SAR 载荷转发后，由分布在世界各地的搜救终端站对遇险目标进行定位，并将搜救终端站计算的遇险者位置发送给本地的搜救任务控制中心。本地的搜救任务控制中心将这些信息发送给本地的救援中心以及遇险信标所在国的搜救任务控制中心，通常由本地救援中心牵头协调并实施救援，如图 5-18 所示。

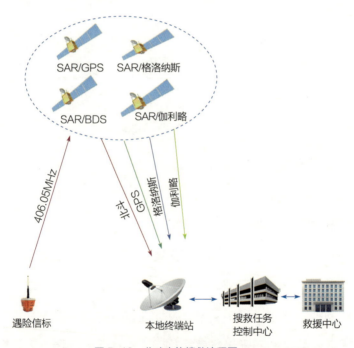

图 5-18　北斗中轨搜救流程图

（五）高精度服务——对精度精益求精

目前，北斗系统已完成组网，标准定位服务精度达到米级；同时提供更高精度的星基精密单点定位服务和地基增强服务，它们类似于"校准仪"，采取不同的测量校准方法，能够消除电离层误差、对流层误差、卫星轨道和钟差等误差，可以达到分米级、厘米级精度。

1. 星基高精度：精密单点定位服务

星基高精度服务，它的优势在于覆盖范围广，用户不需要自己架设基站或者建设基站网。精密单点定位服务所需的校正信息通过地面监测站计算，并上传到卫星，由卫星转发给用户，用户终端设备接收到卫星转发的校正信息后完成精密位置计算，精度可达分米级。

（1）星基高精度服务，源于付费商业服务

起初，精密单点定位（PPP）主要由企业自行主导建设，提供付费商业服务。代表性的系统如下：美国喷气推进实验室（JPL）的全球差分GPS（GDGPS）系统；美国Navcom公司的StarFire系统，美国Trimble公司的OmniSTAR系统和RTX系统，荷兰Fugro公司的StarFix/SeaStar系统，美国Oceaneering International公司的C-Nav系统，美国Hexagon公司的VeriPos系统和TerraStar系统等。

各商业精密单点定位系统在服务区域内播发改正产品，并采用自定义数据格式。近年来，随着卫星导航系统技术发展和能力提升，由基本导航卫星星座提供内嵌的免费PPP服务已成为一大发展趋势。

根据发展规划，欧洲伽利略系统计划在其E6B信号上，面向全球提供预期精度约20cm的免费PPP服务，日本QZSS系统计划在其L6D信号上，面向日本本土提供基于PPP-RTK技术的厘米级增强服务。根据2018年11月已发布的QZSS性能规范及ICD（IS-QZSS-L6-001），能够在1min内快速收敛至厘米级精度。俄罗斯格洛纳斯系统也宣布了PPP服务发展计划，预期精度约10cm，主要应用于精密工业、道路应急服务和无人运输等领域。

北斗系统同样重视 PPP 技术的建设与发展。2020 年 7 月，北斗系统公开发布《精密单点定位服务信号 PPP-B2b 空间信号接口控制文件（1.0 版）》，标志着北斗内嵌的精密单点定位服务正式开通。

（2）北斗精密单点定位服务方式与服务能力

北斗系统的精密单点定位服务信号由 3 颗 GEO 卫星播发，这 3 颗 GEO 卫星所形成的覆盖范围，如图 5-19 所示。精密单点定位服务数据播发通道为北斗三号的 B2b 频点，因此又被称为"B2b-PPP"。

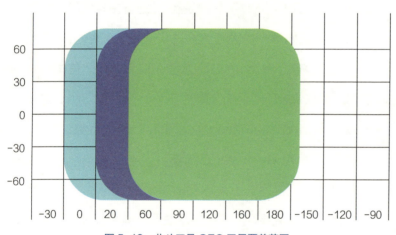

图 5-19　北斗三号 GEO 卫星覆盖范围

首先，由各监测站对可视范围内的北斗系统卫星进行连续的伪距、载波观测，数据预处理后，传送至主控站。其次，主控站对观测数据进行质量校验与精度评估，主要包括与历史精密定位产品参数的重叠弧段比较、监测接收机差分测距误差评估等；在此基础上，进行动力学平滑处理，解算和拟合得到精密星历和钟差产品，送至注入站。再次，注入站将产品数据上注至 GEO 卫星，并经 B2b 信号向覆盖区域内用户播发。此外，监测站和主控站还会回收 PPP 电文信息，以完成对服务的有效闭环检测。同时，北斗系统地面段通过网络推送精密星历和钟差产品数据，使不具备 B2b 信号接收能力的用户也可以享受到北斗系统的高精度服务。最后，用户收到北斗播发的 B2b 信号，从信号中解析出精密星历和钟差产品数据，就可以对之前的测距进行误差修正，从而获得更高精度的测距结果，如图 5-20 所示。

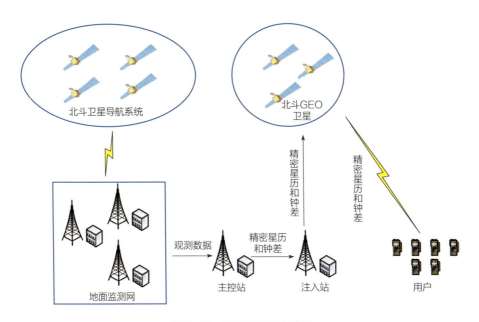

图 5-20 北斗 PPP 服务流程

北斗 PPP 服务分两阶段开展建设。其中，第一阶段（2020 年）利用 3 颗 GEO 卫星的 PPP-B2b 信号为中国及周边地区用户提供高精度免费服务；第二阶段（2020 年后），拓展服务范围，并进一步提升精度，减少收敛时间，更好地满足国土测绘、精准农业、海洋开发等高精度领域应用需求，如表 5-1 所列。

表 5-1　北斗三号 PPP 服务主要设计性能指标

性能特征	性能指标	
	第一阶段（2020 年）	第二阶段（2020 年后）
播发速率	500bit/s	扩展为增强多个全球卫星导航系统，提升播发速率，视情拓展服务区域，提高定位精度，缩短收敛时间
定位精度（95%）	水平 ≤ 0.3m，高程 ≤ 0.6m	
收敛时间	≤ 30min	

2. 地基高精度：地基增强服务

地基增强服务依赖地面站，通过布设相对广而密的基站，基于网络或电台向外实时发送高精度位置改正数，用户接收改正数后直接对卫星观测数据进行改正，最终达到厘米级的定位精度。因此，地基增强系统可以是大量基站组成的广域精度增强系统，也可以是少数基站组成面向某特定区域服务的局域增强系统。目前，地基增强系统在机场附近应用最为广泛，用于保障飞机精密进近和着陆。

（1）北斗地基增强系统组成

北斗地基增强系统由北斗导航增强站、通信网络、数据综合处理系统、数据播发系统、位置服务运行平台以及配套播发手段（利用国家已有基础设施）等组成。

在地面上，按一定距离设计并固定增强站，增强站接收北斗卫星导航系统发射的导航信号，经通信网络传输至数据综合处理系统，处理后产生北斗导航卫星的精密轨道和钟差、电离层修正等数据产品，通过数字广播、移动通信方式等实时播发，并通过互联网提供后处理数据产品的下载服务，如图 5-21 所示。

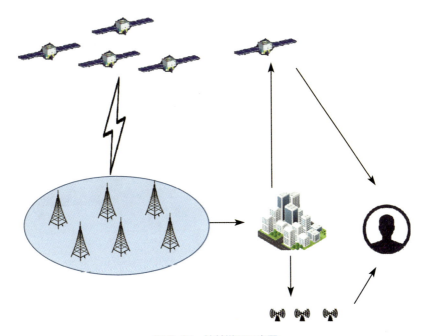

图 5-21 地基增强示意图

目前，北斗地基增强系统已在全国建设上千个地基增强站，用于在全国范围内接收北斗系统信号，此外还可以接收 GPS、格洛纳斯等卫星导航系统信号，通过专用网络传送到国家数据综合处理系统和西安数据备份系统，形成分布全国的北斗导航增强"一张网"。

借助通信网络，北斗地基增强系统与各行各业的数据处理系统连接起来，应用领域不断拓展。自系统建设完成以来，在城市规划、智能交通、防灾减灾、国土测量、智慧城市、基础设施建设等行业领域发挥了重要作用，逐渐形成了北斗高精度位置服务生态圈，如图 5-22 所示。

（2）北斗地基增强系统服务方式与服务能力

北斗地基增强服务用户分为集团用户和终端用户。集团用户通过专线获得北斗系统地基增强服务,并可向下级集团用户或终端用户提供定制服务。终端用户通过移动通信或互联网络获得北斗系统地基增强服务。按照服务范围,分为广域增强服务、区域增强服务和后处理服务。广域增强服务增强站接收北斗卫星导航系统信号,区域增强服务和后处理服务增强对象为北斗、GPS、格洛纳斯,地基增强服务性能如表 5-2 所列。

图 5-23 北斗高精度生态圈

表 5-2 地基增强服务性能

服务类型	广域增强服务			区域增强服务	后处理服务
增强数据产品	轨道改正数、钟差改正数、电离层改正数等			位置综合改正数	精密轨道、精密钟差等
增强对象	北斗			北斗/GPS/格洛纳斯	
技术特点	单频伪距增强	单频载波相位增强	双频载波相位增强	双频载波相位增强(网络RTK)	后处理毫米级相对基线测量
精度等级	实时米级	实时米级	实时分米级	实时厘米级	事后毫米级
定位精度	水平≤1.2m 高程≤2.5m (95%)	水平≤0.8m 高程≤1.6m (95%)	水平≤0.3m 高程≤0.6m (95%)	水平≤4cm 高程≤8cm (RMS)	水平≤4mm 高程≤8mm (RMS)

（续）

服务类型	广域增强服务			区域增强服务	后处理服务
初始化时间	实时	≤ 15min	≤ 30min	≤ 45s	—
播发方式	移动通信				互联网络
覆盖范围	中国移动通信服务覆盖范围				中国互联网覆盖范围
服务方式	免费				付费
备注	定位精度算法参照 GB/T 18314—2009				

六、规模浩大的北斗工程

从 1983 年"双星定位"理论提出到 2020 年完成全球组网,历经 37 年探索实践,几代北斗人发扬"自主创新、开放融合、万众一心、追求卓越"的新时代北斗精神,完成了世界一流卫星导航系统的建设,走出了一条自力更生、自我超越的发展之路。几十颗北斗星闪耀太空,为全球提供高精度的时间空间基准,满足经济建设、科技发展、社会进步等多方面需求。

音频6.1 ~ 6.2节

（一）功能强大的北斗星

北斗三号系统根据不同轨道特点设计了功能强大的 3 类卫星,包括 GEO 卫星、IGSO 卫星和 MEO 卫星,3 类卫星根据轨道特点进行载荷配置,通过星间链路实现全系统的互联互通和功能融合,如表 6-1 所列。

表 6-1　北斗三号的卫星类型和载荷配置

序号	卫星类型	载荷配置
1	MEO	RNSS载荷、全球报文通信载荷、国际搜救载荷、星间链路载荷
2	GEO	RNSS载荷、RDSS载荷、星间链路载荷
3	IGSO	RNSS载荷、通信载荷、星间链路载荷

1. GEO、IGSO 卫星——"大块头有大智慧"

北斗三号 GEO、IGSO 卫星平台能力强,承载着重要服务功能,包括卫星无线电导航服务、区域短报文通信服务、星基增强服务、精密单点定位服务，是货真价实的大智慧。

GEO、IGSO 导航卫星采用 DFH-3B 平台，三轴稳定，在轨设计寿命大于 12 年，起飞质量 5 400kg，采用长征三号乙运载火箭，通过"一箭一星"间接入轨方式从西昌卫星发射中心发射，是名副其实的大块头。GEO 卫星如图 6-1 所示。

图 6-1　GEO 卫星

2. MEO 卫星——"小个体也有强配置"

北斗三号 MEO 卫星（图 6-2）采用新型导航卫星专用平台，在轨设计寿命大于 10 年，起飞质量 1 060kg，于西昌卫星发射中心采用长征三号乙运载＋远征一号上面级"一箭双星"直接入轨方式发射。身材娇小的 MEO 卫星平台具有功率密度大、载荷承载比重高、设备产品布局灵活、功能拓展适应能力强等技术特点，可以配置多种载荷。

图 6-2　MEO 卫星

（二）长征三号金牌火箭

目前，长征三号甲系列运载火箭包揽了我国绝大多数高轨航天器发射任务，是长征系列运载火箭高密度发射的"主力"，是目前高轨发射次数最多、成功率最高的火箭系列，有"金牌火箭"的美誉，是它助力了我国北斗系统从北斗一号到北斗三号 100% 成功发射。

1. "北斗专列"包括哪些

长征三号甲系列运载火箭承担了我国北斗系统工程全部发射任务，因此被称为"北斗专列"。自 2000 年 10 月 31 日我国第 1 颗北斗导航试验卫星发射任务起，长三甲系列火箭共进行了 40 余次发射，已将 55 颗北斗导航卫星及 4 颗北斗导航试验卫星全部送入预定轨道，发射成功率达到 100%。

长征三号甲系列运载火箭包含 3 种类型，分别是长征三号甲（CZ-3A，简称长三甲）火箭、长征三号乙（CZ-3B，简称长三乙）火箭、长征三号丙（CZ-3C，简称长三丙）火箭，均为大型低温液体运载火箭，如图 6-3 所示。根据不同的任务需求，可以选择不同类型的火箭。

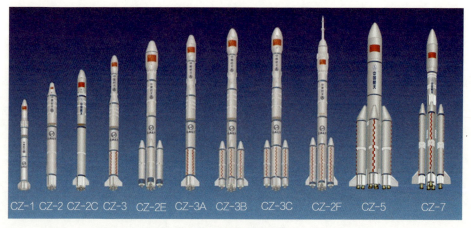

图 6-3　长征系列火箭

长征三号甲系列火箭发射卫星的入轨精度高，已达到世界一流水平，并且具有较强的适应能力，既可以一箭单星发射，也可以一箭多星发射；既可以用于标准地球同步转移轨道发射，也可以用于超同步转移轨道或低倾角同步转移轨道发射以及深空探测器发射。长征三号甲系列火箭的运载能力可满足我国绝大多数卫星的发射需求，不仅为北斗导航工程建设立下了赫赫战功，也为我国航天强国建设打下了坚实基础。

2. 长三甲"三兄弟"有何不同

早在研制初期，长征三号甲系列火箭研制队伍就将长三甲、长三乙、长三丙作为一组系列火箭进行模块化、组合化与整体化的优化设计，确定了以长三甲火箭为基本型的发展模式。

长三甲火箭是在长征三号火箭的基础上重新设计第三级形成的大型三级低温液体火箭，全长 52.52m，一、二子级直径 3.35m，三子级直径 3.0m。在长三甲火箭的芯一级捆绑 4 个 2.25m 的助推器就派生出了长三乙火箭，全长 56.5m；在长三甲火箭的基础上捆绑 2 个 2.25m 助推器，就组合成长三丙火箭，如图 6-4 所示。

长三甲火箭标准地球同步转移轨道运载能力可达 2.6t，突破了以大推力氢氧发动机、动调陀螺四轴平台、冷氦加温增压和氢气能源双摆伺服机构共四项关键技术为代表的上百项新技术。长三甲火箭于 1994 年 2 月 8 日首飞成功，2007 年 6 月 15 日被授予"金牌火箭"称号。自 2007 年首次执行北斗导航工程发射任务到 2020 年，长三甲火箭已经执行了 8 次北斗导航工程发射任务，成功将 8 颗北斗导航卫星送入太空。

图 6-4　长三甲系列火箭图
（从左至右依次是长三甲、长三乙、长三丙）

长三乙火箭标准地球同步转移轨道运载能力可达 5.5t，于 1996 年 2 月 15 日首飞成功。自 2012 年首次执行北斗导航工程发射任务以来，长三乙火箭共执行了 22 次北斗工程发射任务，成功将 37 颗北斗导航卫星送入太空，是"三兄弟"里发射次数最多的火箭。

长三丙火箭于 2008 年 4 月 25 日首飞，它的成功使得中国高轨任务运载能力分布更加合理，实现了长三甲系列火箭真正的系列化、组合化。自 2009 年首次执行北斗导航工程发射任务到 2020 年，长三丙火箭共执行了 10 次北斗工程发射任务，成功将 10 颗北斗导航卫星送入太空。

3."北斗专列"有过哪些升级

根据北斗任务需求，长征三号甲系列火箭总体技术进行了多项改进，适应性、发射可靠性、安全性均得到了有效提高。

为了满足北斗二号、北斗三号对运载火箭提出的一型火箭多轨道面组网发射的新要求，长征三号甲系列火箭需具备高、中轨道高度，东射向、南射向的发射能力。科研人员根据西昌卫星发射中心历年的风场统计数据，进行了双向风补偿轨道设计，制定了多条风补偿程序，可在射前根据高空风预报情况进行选择；地面发射时瞄准固定射向，起飞后可滚转到预定射向。火箭的发射适应能力得到极大提升。

为加快北斗系统组网速度，减少工程建设成本，长三乙开展了串联双星构型火箭研制，突破了火箭构型、双星串联外支撑优化、仪器舱结构优化、串联双星外支撑分离、双星对接优化、新型多体远场分析等多项关键技术，填补了我国高轨道一箭双星发射火箭系列型谱的空白，进一步拓宽了长征三号甲系列火箭任务适应能力。

依托北斗二号工程，长三乙火箭将以往的近距离测试发控方式升级成为远距离分布式测试发控方式，通过总体网络加强对分系统的控制和管理，达到集中控制、统一管理、信息共享的一体化设计目标；依托遥测实时处理和分发技术，实现了全箭遥测数据射前实时监测。

此外，根据北斗任务需求，长征三号甲系列火箭在控制系统、测量系统、增压输送系统、助推器射程关机、液氧加注方案等方面都进行了改进，提升了火箭的可靠性和安全性；为适应高密度发射需求，对火箭发射流程进行了优化，发射场工作周期从 50～60 天缩减到了 20 天左右，并实现了发射前 1h 塔上和前端无人值守。

4. 北斗卫星"太空摆渡车"

早在北斗三号设计之初,我国就提出要在短时间内发射 30 颗中高轨道卫星,这就要求运载火箭在卫星部署能力上取得突破。过去我国常采用火箭将卫星发射到转移轨道,再依靠卫星自身的变轨能力进入工作轨道,这个过程需要飞行 5 天左右,消耗数吨燃料。北斗三号 MEO 卫星采用专用平台,利用远征一号上面级仅需数小时就可直接将卫星送入工作轨道,既节省了变轨时间,实现了高效率发射,又减小了 MEO 卫星携带燃料的质量。远征一号上面级示意图如图 6-5 所示。

图6-5 远征一号上面级示意图

"上面级"的专业名称叫"轨道转移飞行器",形象地理解就是"太空摆渡车",可将卫星从某个转移轨道,送入预定工作轨道或预定空间位置。远征一号上面级是我国第一款太空摆渡车,它的主直径有 2.8m,工作时间约 6.5h,兼具运输器和飞行器的特点,主要针对中高轨直接入轨任务。

远征一号上面级的成功研制,改变了上面级与火箭原有固定、单一的组合状态，创造了灵活、多样的组合模式，极大程度挖掘了火箭的搭载潜力，大大提升了我国火箭对不同用户需求的适应性，也提高了我国火箭在国际发射市场的竞争力。

（三）托举北斗的西昌发射场

1970 年冬，一支神秘的队伍从茫茫戈壁滩出发，穿越河西走廊，翻越秦岭，跨过大渡河，来到大凉山深处一个叫赶羊沟的地方。50 年来，一代代航天人在这片长征路上的"彝海结盟"之地，建造起一座享誉世界的现代化航天城——西昌航天城，为祖国航天事业的腾飞架起"通天梯"。

西昌古有"月城"之称，今有北斗"母港"之誉，闻名海内，是北斗福地。西昌卫星发射中心总部在西昌市，发射场位于冕宁县泽远镇封家湾，包括卫星发射测试、指挥控制、跟踪测量、通信、气象、勤务保障 6 大系统，分散在高山峡谷之中。

西昌具有得天独厚的优越条件，是天然发射场：① 纬度低（约为北纬 28°），海拔高，发射倾角好，地空距离短，既可充分利用地球自转的离心力，又可缩短地面到卫星轨道的距离，从而提升火箭的运载能力。② 峡谷地形好，地质结构坚实，有利于发射场的总体布局，有利于地面发射设施、技术设备及跟踪测量和通信网的布设，可建设多个发射场。③ 天气晴好，"发射窗口"好。年平均气温 18℃，是全国气候变化最小的地区之一，日照多达 320 天，几乎没有雾天，试验周期和允许发射的时间较多。

音频6.3～6.5节

北斗卫星均在西昌发射。自 2017 年 11 月起，西昌卫星发射中心连续成功实施 20 次北斗卫星发射任务，将 30 颗北斗三号组网卫星和 2 颗北斗二号备份卫星顺利送入预定轨道，创造了全球卫星导航系统组网速度的新纪录。每一次火箭腾飞的背后，都凝聚着发射场大量细致的工作，从塔上电缆连接、测控天线架设、操作地点选择再到发射流程口令确定等，科技工作人员和操作手均要经过反复实验、确认、演练，一次星箭检查测试的所有数据图厚度加起来比火箭还要长。

在北斗工程的牵引下，伴随着北斗高密度组网发射，西昌卫星发射中心与北斗共同成长。如今，西昌中心综合测试发射能力相比20年前提高了5倍左右，成为享誉中外的"中国航天城"，"颗颗螺钉连着航天事业，小小按钮维系民族尊严"是西昌卫星发射中心的质量文化标语。如图6-6所示。

图6-6　西昌发射场

目前，西昌卫星发射中心拥有先进的技术厂区和两个发射塔（2号发射塔和3号发射塔）。

技术厂区位于发射场区不远的山坳里，一幢幢乳白色的高大建筑隐没于绿树深处，是发射前北斗卫星和长征火箭进行装配、加注、测试的地方，也是目前国内最先进的厂房。

2号发射塔采用的是目前我国独一无二的双塔架结构，由70余米高的固定塔架和90余米高的活动塔架两部分共同组成。活动塔重4 700t，托举着它沿铁轨运行的是底部64个直径1m的承重轮，其中包括32个主动轮、32个从动轮，共同由8台42kW的电机驱动运行。在过去的30年里，这座火箭发射塔架曾经顶"风云"、托"嫦娥"、铸"天链"、举"北斗"，是我国目前执行发射任务数量最多的一座火箭发射塔架。

3号发射塔被航天人誉为"功勋塔"。固定塔架高77m，塔上有11层可水平旋转180°的工作平台，如图6-7所示。长征火箭、北斗卫星从技术厂区转到发射塔架后，在这里完成起竖对接和垂直测试，并实施发射。

图6-7　西昌卫星中心发射塔架

北斗卫星对温湿度和洁净度的要求极高,在发射塔内进行北斗卫星和长征火箭的操作和相关工作时,需要全封闭作业。作业时,需要将所有空隙封闭严实,控制室温在20℃、湿度40%,洁净度相当于医院无菌手术室的10万级净化要求,还要在地面铺上防静电材质,以求万无一失。

在长征火箭发射前8h,活动塔开始以10m/min的速度撤离至120m外的停放位置,随后,由固定塔完成对火箭的低温加注和发射前3h的测试工作。固定塔有10根电缆摆杆怀抱着火箭,这些摆杆被形象地称为"脐带",除了固定火箭,它们还向火箭源源不断地输送燃料,为火箭供气、充电、调温。发射前1h,固定塔的回转平台开始打开;发射倒计时90s的时候,摆杆也随之打开。火箭最下方的绿色圆形平台就是火箭的发射台,可以进行旋转调整,来控制火箭发射的精确度。在点火的那一瞬间,火箭喷出熊熊烈焰拔地而起,如图6-8所示。

图6-8　火箭点火瞬间

2019年6月25日，本书作者团队成员到西昌卫星发射中心参加第46颗北斗导航卫星发射任务有感而发，即兴改编了《英雄儿女》主题曲《英雄赞歌》歌词：

炽焰滚滚唱英雄

四面青山侧耳听

拔地轰响震山谷

长征火箭划长空

凌飞墨雨青烟云

直穿天河几万里

为什么星空美如画

航天人心血织就了她！

为什么时空精准强

北斗人生命闪光华！

（四）陆海天全覆盖的测控大网

北斗导航卫星顺利入轨、正常运行，测控是必不可少的。为此，陆、海、天全方位布局的地面测控站、海上测量船以及中继卫星，形成了一张100%覆盖的"天罗地网"，确保卫星发射飞行和在轨过程中时刻安全。

1. 陆上测控站

陆上测控站分布范围较广。国内陆上测控站包括渭南站、青岛站、厦门站、喀什站、三亚站等，国外陆上测控站主要包括卡拉奇站、纳米比亚站、马林迪站、智利站等。北斗系统的测控主要使用渭南站、厦门站、三亚站、智利站等，如图 6-9、图 6-10 所示。

陆海天测控大网

图 6-9　厦门测控站

图 6-10　渭南测控站

为了对火箭发射和卫星入轨过程做到心中有数，箭载的弹道应答机和地面测控系统就像是一条牵引着火箭和卫星的"风筝线"，实时传送火箭的精确位置、速度信息，使火箭按照预定轨迹将卫星送入轨道，护送卫星起航；测控系统则精确测量入轨后的卫星姿态并获取遥测数据，及时判断修正，确保卫星正常入轨。

目前，国内现有地面测控站借助星间链路技术，还可以把北斗三号卫星互联在一起，形成一个以卫星作为交换节点的空间通信网络。地面站只要对其中某1颗北斗卫星下指令，就能够传递给所有卫星。同样，卫星在轨的运行状态也能够通过卫星传递到管理中心，使整个星座的运行准确无误，最大限度地节约地面测控资源。

2. 远望号测量船

远望号测量船是中国航天远洋测控以及火箭运输船队的总称，中国目前一共建设发展过7艘远洋测控船、2艘火箭运输船。远洋测控船分别命名为"远望1号"至"远望7号"，火箭运输船为"远望21号""远望22号"。在北斗卫星发射测控任务中，除了测控中心和陆上测控站外，远望船同样表现卓越。它能够快速、准确、高效地向西安卫星测控中心、西昌卫星发射中心发送测控数据，为卫星成功进入预定轨道提供有力的测控通信支持。

远望号测量船上装有完善的导航设备和精密的测量系统。它的导航设备除了光学天文导航设备、惯性导航设备、无线电导航设备外，还装备了卫星导航和声呐信标导航设备，从而可以精确测量船位，保证对北斗卫星精确测量。

远望号测量船安装了测控设备，有一个巨大的抛物面天线，能连续跟踪快速飞行中的火箭和卫星，可以在预定海域对进入其测量弧段的北斗卫星、长征火箭进行跟踪遥测（图6-11）。

针对长时间远洋航行、海上复杂气象、恶劣海况等实际情况，测量船需要根据任务计划和航行安排，合理组织联调联试、释放信标球、自主开展设备检修和维护保养，确保各类设备工作正常（图6-12、图6-13）。

图 6-11　船控中心人员工作现场实况

图 6-12　2019 年 11 月 23 日，远望 5 号船在印度洋某海域，执行北斗三号中轨卫星测控任务

图 6-13　2020 年 6 月 23 日，远望 6 号船在太平洋某预定海域就位，及时发现并成功捕获目标，为火箭飞行、最后一颗北斗三号组网卫星成功入轨等关键动作保驾护航

3. 天基测控系统

除了国内地面测控站、海外站、远望船外，我国还在太空中建立了卫星观测与数据中继传输系统，即天基测控系统。

中继卫星是天基测控系统的核心，是伴随人类探索太空的铿锵步履逐步发展起来的新型空间信息传输系统，堪称航天测控的革命性成果。中继卫星主要进行空天数据中继，相当于把地面测控站搬到距离地面约 36 000km 的地球同步轨道上，为卫星、飞船等航天器提供数据中继和测控服务。作为在太空中运行的数据"中转站"，中继卫星与传统地基测控相比，具有"站得更高，看得更远"的优势，如图 6-14 所示。

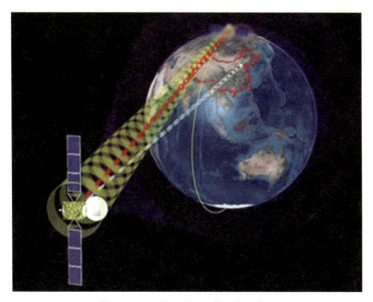

图 6-14　天链一号卫星的工作示意图

2008 年 4 月，天链一号 01 星成功发射并顺利在轨运行，中国从此有了天上数据"中转站"，如图 6-15 所示。2012 年 7 月，天链一号 03 星发射成功，3 颗卫星组网运行，正式实现了对中、低轨航天器近 100% 的轨道覆盖，也标志着我国成为世界上第 2 个拥有对中、低轨航天器实现全球覆盖能力的中继卫星系统的国家。2019 年 3 月，我国第二代地球同步轨道数据中继卫星首发星——天链二号 01 星进入太空，标志着我国天基测控系统能力大幅提升。

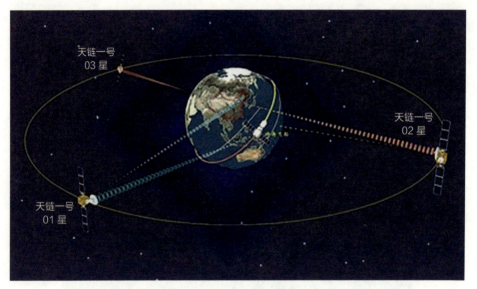

图 6-15　天链一号网运行

2020 年 6 月 23 日，我国在西昌卫星发射中心使用长征三号乙运载火箭成功发射北斗全球系统收官之星。火箭飞行过程中，天基测控系统采用"双星接力"方式对运载火箭进行遥测数据中继传输，天链二号 01 星与天链一号 02 星接力跟踪，实现整个轨道的通信全覆盖，为整个任务提供了连续可靠的测控支持。

（五）北斗全球组网的世界纪录

2009 年 11 月，北斗三号启动建设。10 余年来，历经关键技术攻关、试验卫星工程、最简系统、基本系统、完整系统5个阶段，提前半年完成全球星座部署，开通全系统服务。

从2017年11月至2020年6月，北斗系统在两年半时间内共完成18箭30星超高密度发射组网部署，其中1年10箭19星的组网建设速度远远超过美国GPS系统1年6星、俄罗斯格洛纳斯系统1年9星、欧洲伽利略系统1年6星的建设速度，创下世界导航卫星领域发射的新纪录。2020年3月和6月，在新冠疫情防控关键时期，北斗第54颗、第55颗卫星成功发射完成全球组网，极大地提升了中国人民的信心和士气。中国精神、中国速度、中国质量惊艳世界的背后，是强大的航天科技水平、科学的系统工程管理能力、高效的测试验证方法和有效的质量控制方法。

北斗系统作为复杂巨型系统，需要维持十年乃至几十年稳定，对连续性、可靠性要求高。如果作为空间基础设施的北斗发生中断，飞机、汽车、轮船就会找不到正确的方向，金融、电力会陷入混乱，社会生活也将处于杂乱无序中。卫星导航系统要求如此之高，其设计研制、试验验证、组批生产、密集发射、长期稳定运行等环节涉及多项高精尖技术，需要解决复杂组装、快速验证、多星发射等一系列科学和工程难题。导航卫星在轨后难修复，工作空间环境复杂，因此需要采用自主故障处理、备份设计、高可靠元器件等保障措施。北斗这样复杂的巨型系统能成功研发、建设并稳定服务，反映了国家强大的航天科技能力和工业能力。北斗卫星和火箭组批生产现场如图6-16所示。

图 6-16　星箭组批生产

北斗系统发展过程中经历多次迭代演进，系统状态复杂，在组批生产、密集发射的同时，保证卫星验证的全面充分和产品质量是一个难题。为此，北斗工程建立了地面试验验证系统，它是一个全系统、全规模、全要素，模拟卫星真实状态、软硬协同的仿真试验平台，是北斗卫星的"远程诊断医生",其流程如图 6-17 所示。该平台能够全面检验卫星状态信息流、控制流和时间流以及接口的协调性、匹配性和正确性,发现星座和卫星的系统问题,为卫星质量"把好最后一道关"。通过优化星地综合对接试验,每组卫星对接时间由 60 天缩短至 25 天,30 颗卫星对接时间由原模式的 3 年缩短至 1 年 2 个月以内,大幅缩短了卫星系统验证时间,有力支撑了高密度组网发射,保障了重要产品零缺陷、密集发射零风险、运行服务零故障。在工程总体的科学统筹下,北斗系统创新发展,迭代演进,从学习追赶到比肩超越,实现了创造世界一流卫星导航系统的目标。

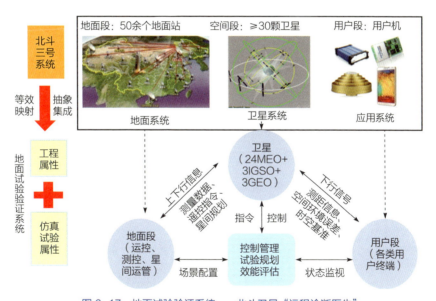

图 6-17 地面试验验证系统——北斗卫星"远程诊断医生"

七、大国重器,自主可控

2018年4月,美国商务部禁止美国企业向中国中兴通信公司出售任何电子技术或通讯元件,引起社会各界的高度关注。

《人民日报》就此评论指出:"不能总用别人的昨天来装扮自己的明天。"

习近平主席在中国科学院第十七次院士大会、中国工程院第十二次院士大会上指出:"只有把核心技术掌握在自己手中,才能真正掌握竞争和发展的主动权,才能从根本上保障国家经济安全、国防安全和其他安全。不能总是用别人的昨天来装扮自己的明天。不能总是指望依赖他人的科技成果来提高自己的科技水平,更不能做其他国家的技术附庸,永远跟在别人的后面亦步亦趋。我们没有别的选择,非走自主创新道路不可。"

音频7.1 ~ 7.2节

北斗走向世界

北斗系统是国家重大战略性基础设施,自1994年正式立项以来,工程全线深入贯彻落实"要早日实现卫星导航系统自主可控"的要求,强化政策导向,建立长效机制,突破瓶颈技术,实现了关键器部件100%国产化,走出了一条具有中国特色的重大工程自主可控发展道路。北斗三号系统规模庞大,从任务之初北斗人就意识到,国产化对于系统的建设和稳定运行生死攸关,不能被别人卡住命门。在开展自主可控工作时,要大胆使用国产化产品,理念上的创新,观念上的转变,为重大工程自主可控提供了优质土壤。

(一)星上核心元器件和单机100%自主可控

北斗三号系统的核心单机和元器件,包括星载中央处理器、星载原子钟、行波管放大器、微波开关、太阳帆板驱动机构等实现了百分之百国产化,真正做到了完全自主可控。单星器部件国产化能力由"十一五"末的84%提升至100%,从根本上扭转了部分关键器部件依赖进口的局面。

1. 元器件和单机国产化研制

在工程研制的初期,工程队伍就对卫星、运载火箭元器件自主可控需求进行了梳理,明确了几百项国产化研制需求,并安排了集智攻关和研制规划。经过全线共同努力,突破了包括卫星核心芯片在内的多项元器件技术、自主可控风险管理技术、复杂元器件状态管理技术等,创建了自主可控工作体系和技术体系,国产器部件全面替代进口产品,在北斗卫星上规模化使用。

芯片和操作系统是卫星电子系统和数据处理的核心,北斗系统又是一个大型星座网络,其信息交换和处理的能力要求比一般卫星要高得多。为了给北斗三号卫星打造"最强大脑",让"中国芯"在太空闪耀,必须自主研发高性能的星载中央处理器和高效率的操作系统,如图7-1

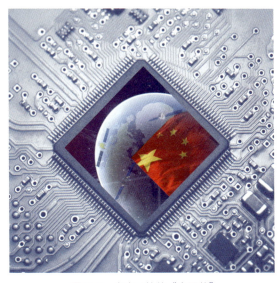

图7-1 自主可控的"中国芯"

所示。

　　研发初期，对于国际上新一代的宇航星载中央处理器，无法拿到实际产品，无经验借鉴。北斗团队摸着石头过河，一步一个脚印，突破了系统设计仿真与验证技术、软硬件协同设计与验证技术、抗辐射加固及容错设计技术、多核 SoC 设计技术、星载 IP 复用及集成技术、高可靠实时操作系统设计技术等，成功研制出高性能的星载中央处理器和操作系统。芯片的性能是进口芯片的几十倍，与当前国际最高水平相当，操作系统较民用的 Windows、iOS 等更适合星载应用场景，可同时高效管理上百项任务。

　　另外，宇宙空间环境极为复杂，大量的空间粒子辐射会导致卫星上电路性能退化甚至功能失效，对卫星造成致命伤害，因此，集成电路抗辐射加固是宇航核心技术。要让太空中的芯片抗辐射，以往有个笨办法——给电路穿上厚厚的"外衣"，但这将使器件重量大幅增加；此外，还可以改变制造工艺，但这样投入巨大。如何低成本地研制出抗辐射芯片，成为困扰世界各国科学家的难题。北斗团队提出采用低成本的"设计与工艺相结合"的思路，即通过设计环节与工艺相结合的方式研制出抗辐射的宇航集成电路，从而解决了抗辐射芯片设计这个世界性难题。

　　"中国芯"的成功研发和在轨应用，标志着我国掌握了导航卫星电子系统的最核心技术。除星载中央处理器外，北斗卫星上的程序存储器、数据存储器、DSP、FPGA 等也均为国产且实现了批量使用，对航天工程的自主可控和创新发展具有里程碑意义。

2. 元器件国产化应用验证

　　在推进北斗系统关键元器件国产化进程中，元器件应用验证扮演着重要角色。新研元器件在工程应用前需开展一系列试验、评估和综合评价工作，用来确定元器件成熟度、在宇航工程中应用适用度及可用度。应用验证环节搭建了宇航元器件研制和应用之间的桥梁，是衔接国产元器件从设计到应用的重要一环，对促进我国宇航元器件的自主研制、提升自主创新和自主保障能力具有重要的战略意义。

在国产元器件的应用验证中，北斗团队共设计开发了百余套应用验证装置，累计进行极限评估、寿命考核试验等数十万小时，绘制了万余条数据曲线，对国产元器件反复进行验证、测试、迭代。此外，团队还研制了国产元器件应用验证系统，建立了科学有效的仿真验证方法和手段，形成了一整套标准方法，对国产元器件的参数、性能、环境要求、使用规范等进行了全方位的检核，验证标准比国外更加严格，验证项目也更为全面。事实证明，"磨刀不误砍柴工"，元器件国产化应用验证充分考核了各类元器件的使用效果，彻底解决了国产元器件"不敢用"、"不好用"、"不会用"的问题。在北斗工程的建设发展中，验证合格的元器件陆续在北斗卫星和长征火箭上应用，取得了良好的效果，目前这些元器件在轨工作稳定，性能优异。

3. 部组件研制

每颗北斗导航卫星上包含数量繁多的单机，也包括微波开关、大功率高频电缆网、行波管、1553B 总线等部组件，这些单机和部组件一起形成了一个有机整体。微波开关是导航卫星微波信号的路由器，充当卫星载荷通道的"关节"；大功率高频电缆网是微波信号的传输通道，是传输导航信号的"血管"；行波管是卫星导航信号播放通道的功率放大部件，是导航信号的"空间放大器"；1553B 总线负责卫星各分系统、单机的信息交互和控制，是整星的"神经系统"：这些都是北斗导航卫星的关键部组件。由于北斗三号系统组批生产、密集发射,这些关键部组件研制时间紧迫,多个部件要求一年内完成研制定型,一年半内完成产品交付,产品技术指标要求高,关键指标甚至要高于国外同类产品。

例如,北斗卫星上的微波开关虽然不大,但涉及多个专业领域,包括微波、电磁、力学、热学、材料等。北斗三号立项之初,国内航天大功率微波开关主要依赖进口,产品单价昂贵,供货周期也很长。研制团队秉着自主创新、攻坚克难的精神,在摸索中起步,在相关技术积累匮乏的困难条件下,参考了国内外相关航天标准100多份,查阅相关设计、工艺制造规范达50多份,分析空间环境试验、可靠性设计资料逾千份。研制过程中,常常为了一种材料、一滴胶、一个螺钉的选择进行数十次讨论、试验和评审。设计→试验验证→再设计改进→再试验验证,不怕失败,"在哪里跌倒在哪里爬起来",终于成功研制出国内首款宇航级大功率微波开关(图7-2),逐步实现了从无到有,从有到优。

在研制过程中,真空微放电作为宇航级大功率微波器件的"杀手",是北斗系统大功率微波开关研制团队绕不过的坎,也是最难的技术攻关项。北斗工程专项总师组织卫星系统研制单位和各领域专家一同调查研究、制定措施。对真空微放电进行近十次摸底试验,看到放电烧灼的痕迹,团队没有气馁,持续研究,终于

图7-2 国产微波开关

掌握了空间大功率微波开关的机理,提出了尺寸及间隙优化方案,突破了结构、工艺等关键技术,经多次验证,产品性能稳定可靠,未出现过微放电故障,走出了一条正向设计、自主创新的技术路线。

通过微波开关、大功率高频电缆网、行波管放大器(图7-3)、1553B总线控制器等部组件研制攻关,突破了大功率微放电、空间环境适应性、长寿命高可靠、制造工艺等技术难题,突破制约组件质量稳定性的技术瓶颈,形成了国产部组件批产能力,为北斗工程全面国产化自主可控奠定了坚实的基础。

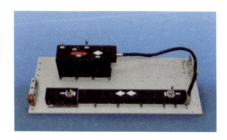

图7-3 国产行波管放大器

通过元器件、部组件、单机国产化研制攻关与北斗型号应用紧密结合,国产器部件水平不断提高,推动器部件、单机产品和型号应用的"双向成熟"。一方面,促进国产化元器件产品的完善,加速从元器件产品到型号成熟应用的进程,提高应用支持能力;另一方面,促进型号设计师累积实际经验,获得具体应用数据,编写发布应用指南,提高应用水平,促进型号的应用成熟。

北斗系统是我国第一个全面推进器部件自主可控的重大工程,在技术创新、管理创新、体系创新等方面实现了多项突破,在国产星载处理器、大功率部组件为代表的高端器件研制方面积累了丰硕的成果,发挥了示范带动作用，加速构建自主可控生态系统，推动了我国航天领域的自主发展。

实践证明，北斗系统自主可控明显改善了国内宇航元器件研制、应用的生态环境。后续，北斗系统国产化成果将在载人航天、深空探测等其他任务中推广应用，进一步提升我国星上核心元器件和单机的技术能力、产品质量、产业规模和市场竞争力。

（二）星载原子钟中国创造的故事

星载原子钟是北斗系统的"心脏"，其频率精度和频率稳定度对定位、导航、授时具有决定性作用，也决定了卫星对地面控制系统的依赖程度和控制复杂程度。

星载原子钟的核心技术长期被少数几家欧美企业垄断。早在20世纪60年代，我国就启动了国产原子钟研制计划。1965年，北京大学和原电子工业部17所共同完成光抽铯汽室频标样机研制。1972年，上海光机所制定同类型铷原子频率标准。1991年，国家发布铷原子频率标准通用技术条件及测试方法。但自20世纪80年代开始，由于国外高质量原子钟的大量进口，我国的原子钟自主研制进程一度减缓。2002年，国家召开"卫星导航星载原子钟与同步技术"香山科学会议，会议上我国专家学者达成了共识："原子钟和时间同步技术具有十分重要的科学意义和应用价值，特别是在提高我国国防能力上有重大战略意义。对原子钟和时间同步技术的研究工作实行统一领导和布局，制定近期和长远的发展规划，扬长避短，有所为有所不为，形成分阶段的战略目标，使原子钟和时间同步技术研究呈现既有原理探索又有技术攻关，既有创新成果又能提供实际应用系统的局面，实现可持续性发展。"通过此次会议，原子钟对卫星导航、未来高技术战争和现代信息技术的重大意义得到了一致认同。

星载铷原子钟的研制涉及量子力学、原子物理、光学、自动控制、电子学、材料、空间环境等多学科，关键技术多、技术验证周期长，所以研制难度较大。美国为保证 GPS 的领先地位，对星载原子钟实行严格的禁运和技术封锁。北斗系统为了解决原子钟的需求问题，结合国内的技术能力现状，一方面从欧洲进口，另一方面采取小步加快跑的方式国内自研。我国的原子钟真正应用于卫星系统始于北斗二号，意味着从北斗二号系统开始，我国建立了真正意义上具有自主知识产权的星载时频系统。

北斗工程研制早期，为了早日实现国产化，打破国外的技术封锁，协调了全国最具研发和工程化实力的科研院所，正式组建北斗星载原子钟国家队，通过强强联合，集智攻关，多方案并举，管控研制风险。2006 年 9 月，我国自主研制的铷原子钟首次进行了空间搭载，拉开了我国星载原子钟在轨试验验证的序幕，各项功能满足指标要求。2007 年，北斗二号首颗卫星应用我国自主创新研制的铷原子钟，打破了国外的垄断。北斗二号卫星上的铷原子钟精度达到十亿分之一秒每天水平，相当于 300 万年差 1 秒，如图 7-4 所示。

图 7-4　铷原子钟研发

到北斗三号时，我国自主研发的甚高精度铷原子钟（图 7-5）和星载氢原子钟（图 7-6）具有更高的性能。甚高精度铷钟和氢钟精度达到百亿分之五秒每天水平，相当于 600 万年差 1s，完全满足北斗三号的应用需求。

图 7-5　甚高精度铷原子钟

图 7-6　星载氢原子钟

甚高精度铷原子钟和星载氢原子钟的应用使北斗系统实现了更高的定位授时精度，显著降低了北斗系统全球运行时地面控制的压力，使北斗卫星导航系统迈向世界一流。

（三）北斗应用的全产业链

北斗应用产业，是以北斗定位、导航、授时为核心技术手段，以提供和利用精准时间空间信息为主要服务，融合信息业、制造业、服务业等多行业的复合型"高精尖"产业。当前，北斗应用产业的产业链大体可以分为上游、中游、下游三部分。上游基础产品研制、生产及销售环节，是产业自主可控的关键，主要包括基础器件、基础软件、基础数据等；中游是当前产业发展的重点环节，主要包括各类终端集成产品和系统集成产品研制、生产及销售等；下游是基于各种技术和产品的应用及运营服务环节。除了上游、中游和下游环节，产业链中还有系统环节，系统环节是产业链条的基础设施，主要包括天基系统和地基系统，北斗产业链全景如图 7-7 所示。

音频7.3 ~ 7.4节

北斗产业链

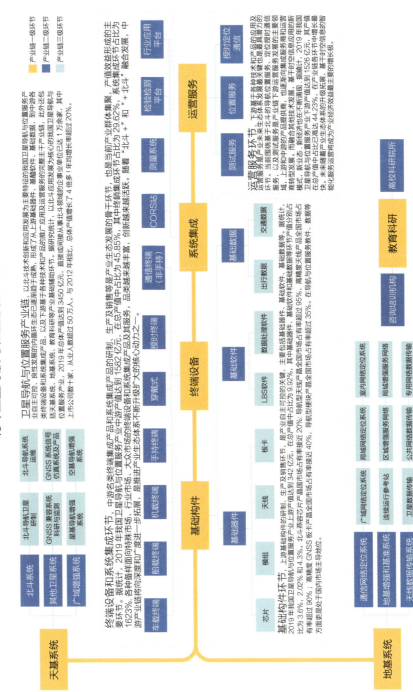

图 7-7 北斗产业链

北斗系统主要包括空间段、地面段、用户段三个部分。它与全产业链对应关系如图 7-8 所示。

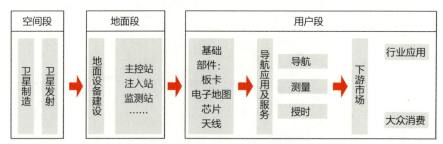

图 7-8　北斗系统组成与全产业链对应关系图

据中国卫星导航定位协会发布的《2020 中国卫星导航与位置服务产业发展白皮书》统计，我国北斗应用产业的总产值连续多年快速增长，从 2003 年的 40 亿元增长到 2019 年的 3 450 亿元，年增长率约为 32%。目前，我国卫星导航与位置服务产业结构趋于成熟，国内北斗产业链自主可控、良性发展的内循环生态已基本形成，图 7-9 显示了 2003—2019 年我国北斗应用产业产值分布和增长图。

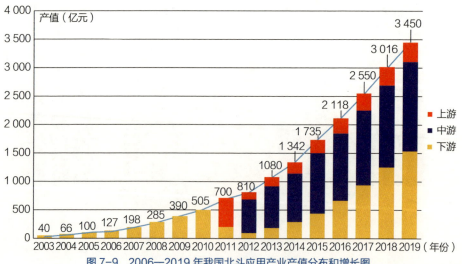

图 7-9　2006—2019 年我国北斗应用产业产值分布和增长图

2019 年国内产业链各环节产值较 2018 年均有提升，但增速却有所不同。中游和上游受到芯片、板卡、核心器件、终端设备价格下降的影响，产值增速放缓，在全产业链中占比呈现下降趋势。上游产值在总产值中占比为 9.92%，其中基础器件、基础软件和基础数据等环节产值分别占比为 3.6%、2.02% 和 4.3%；中游产值在总产值中占比为 45.85%，其中终端集成环节占比为 29.62%，系统集成环节占比为 16.23%，如表 7-1 所列。

表 7-1 2017—2019 年产业链各环节产值占比

产业链环节		2017 年		2018 年		2019 年	
上游	基础器件	11.27%	4.17%	10.94%	4.44%	9.92%	3.6%
	基础软件		2%		2.1%		2.02%
	基础数据		5.1%		4.4%		4.3%
中游	终端集成	51.92%	36.79%	47.46%	34.57%	45.85%	29.62%
	系统集成		15.13%		12.89%		16.23%
下游	运营服务	36.81%		41.6%		44.23%	

随着产业链的逐步成熟和群体壮大，各环节国内企业竞争持续加剧，特别是在终端集成环节，多年的市场积累使终端需求逐渐稳定，终端价格稳中趋降，市场竞争将更趋明显，广大用户也能够享受到更优惠的价格和更多样的产品。

下游的应用与运营服务发展具有较强的灵活性，符合北斗与其他领域技术及应用融合发展的市场大趋势，这将极大促使上游和中游的产品提供商向集成服务商和运营商的转型发展。2019年，运营服务产值继续保持增长，在总产值中占比已高达44%，充分显示了下游应用与运营服务环节的快速成长。

2019年卫星导航领域各产业链环节技术创新非常活跃，相关企业研发投入显著增长，领域内的专利保护意识和运营意识也逐步增强，截至2019年底，我国卫星导航专利申请累计总量已超过70 000件，保持全球第1位，其中发明专利超过50 000件、实用新型专利超过20 000件。

近几年来，北斗创新应用已经深入融合到许多产业的转型升级之中，如汽车、高铁、能源、矿产、邮政、移动通信、交通物流、互联网服务等产业。企业主动"＋北斗"发展，通过北斗与互联网、大数据、云计算、移动通信等创新融合，逐步开拓形成新增业务，成为产业新生力量。目前，我国卫星导航与位置服务领域企事业单位数量保持在14 000家左右，从业人员数量超过500 000人。

2020年，北斗系统全面建成，在确保连续稳定运行的同时，服务精度、可用性、连续性等各项性能指标均达到预期要求，并逐步形成了集多种功能于一体的北斗特色应用服务体系。随着北斗系统性能和服务的进一步提升，北斗应用的规模化、产业化将更上一层楼。

在中国及周边地区，星基增强、地基增强、精密单点定位等服务为北斗高精度的泛在化应用奠定坚实基础，更好地支撑如智能网联汽车、精准农业等高精度应用，同时有望催生出更多的高精度应用需求。

区域短报文通信服务容量提升、通信能力增强、使用功耗降低、资费降低以及北斗短报文服务平台发展都将进一步拓展北斗短报文应用，从目前的行业用户拓展到更广泛的领域。而短报文与移动通信的结合，也将使短报文应用在手机市场有所突破，从短信变成微信，开启大众规模化应用之门。从全球范围来讲，北斗三号系统除提供更优的全球定位、导航和授时服务外，也可以提供全球短报文服务和全球搜救服务，中国的北斗已成为世界的北斗。

（四）纳米时代的"中国芯"

1. 导航芯片为何物

什么是导航芯片？从技术角度来说，导航芯片包含射频芯片、基带芯片、微处理器或它们的一体化集成芯片，如图 7-10 所示。

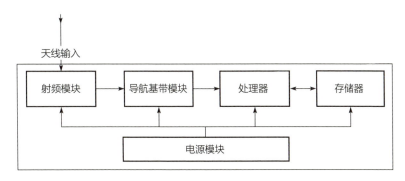

图 7-10　芯片组成图

射频芯片，是导航芯片的眼睛和耳朵，通过固定频率（即频点）接收或发射信号，目前有单频点、双频点、多频点以及多系统多频点等多种类型，是芯片中成本最高的部分。

基带芯片用来合成发射的基带信号，或对接收到的基带信号进行解码。

国内北斗芯片中一般集成多个基带，封装方式也有差异，是导航芯片的核心组成部分。

微处理器协助参与基带芯片对信号数据的处理，同时实现定时控制、省电控制、全球移动通信系统（GSM）通信协议、人机接口等功能。此外，芯片制造工艺决定了芯片体积和功耗的大小。芯片体积越小，意味着集成电路越精细，功耗也越低，同时其制造难度与成本也越高。

那么，既然已经有了独立自主的北斗系统，自主导航芯片还重要吗？当然重要，甚至同样重要。

从经济角度来讲，前文提到，整个北斗产业链中，芯片产业占据产业链上游，是经济附加值最高的基础产品。如果外国企业一直占据市场，那么我国花费大量资金、耗时几十年建成的北斗系统形成的巨大市场，就会被国外企业赚取大多数的价值和利润。从安全角度来讲，非自主产权的国外芯片中很可能存在信息安全隐患，而且芯片的某一环节一旦被外国企业掐住要害，整个北斗产业链的发展就会受国外限制，极大影响整个产业链的生态建设。因此，发展自主导航芯片极为必要。

2. "中国芯"发展历程及成果

自 1994 年开始，国外导航芯片主要是面向 GPS 系统，2002 年完成产业化，2004 年全面普及。目前，国外导航芯片生产企业仍然占据了全球导航芯片大部分市场份额。随着欧盟伽利略系统、俄罗斯格洛纳斯系统以及我国北斗系统的部署运行，各个导航芯片厂商也纷纷推出能够兼容四大导航系统的导航芯片（图 7-11）。因此能够接收并处理北斗系统信号的导航芯片不一定是有我国自主产权的导航芯片。

图7-11 国外芯片厂商

我国导航芯片研究始于2000年,主要研究方向是能够接收GPS、GPS+格洛纳斯和北斗一代信号的芯片,到2004年成功研制GPS+格洛纳斯的相关器芯片和北斗一代的FPGA接收板,但当时的芯片大多停留在学术研究阶段,没有进行产业化推广,产品不具有国际竞争力。在2007年以前,我国应用级的导航芯片均由外国企业提供,导航芯片产业呈现受制于人的局面。

2007年4月,第1颗北斗导航卫星发射成功,我国自主研制的卫星导航系统进入新的发展建设阶段。中国企业自主研发意识觉醒,开始投入到芯片的研制中,逐步推进芯片产业化。多家中国企业加入到导航芯片的市场竞争中,进行导航芯片的研发与制售。但这一时期由于技术水平因素,国内企业相比国外企业存在较大差距,除了核心技术难于突破之外,费用过于高昂也是一大难关,90%以上的市场份额仍被国外厂商占据。

在北斗应用推广与产业化的推进中，我国开展了多模多频组合导航型板卡的研制，并于2013年成功完成实测；此外还研发出多模导航型芯片与微机电系统组合导航模块，抢占高端应用市场，为北斗系统的大规模推广应用提供基础产品。

随着北斗系统及其他卫星导航系统接口控制文件的公布，国内导航芯片企业积极探索进入大众手机、可穿戴设备等消费类市场，从百万量级加快向千万量级以上规模化应用转变。国内多家单位集智攻关，经过多年的不懈努力，掌握具有自主知识产权的核心技术，研发了小型化、低功耗、高灵敏度的天线、芯片、模块、板卡等基础产品，逐步形成批量生产能力，为北斗行业应用和大众应用提供了优质的基础产品。

10余年的时间，让国产北斗芯片等基础产品实现了自主可控，完成了从无到有、从有到优的跨越，掌握了产业发展的主动权。① 支持北斗三号新信号的28nm工艺射频基带一体化芯片已在物联网和消费电子领域得到广泛应用，支持北斗三号新信号的射频基带一体化芯片，已经进入量产阶段，性能再上新台阶；② 从早期的单基带、单射频芯片，发展到目前的基带射频一体化，芯片性能不断提升，性价比达到国际先进水平；③ 基于自主芯片开发了一系列多系统多频、高精度高性能的板卡和模块产品，从架构设计到定位融合算法均实现了自主知识产权。

2019年12月27日，北斗三号系统提供全球服务1周年发布会上，中国卫星导航系统管理办公室主任、北斗卫星导航系统新闻发言人冉承其现场展示了支持北斗三号新信号的22nm工艺射频基带一体化导航定位芯片，该芯片体积更小、功耗更低、精度更高。

至今，我国已经完成了在全球近 20 个国家和地区的专利布局，有利于接收机厂商开发出自主可控、性价比更高的产品，也有助于增强我国接收机产商的国际竞争力。

3. "中国芯"助力北斗推广

北斗系统的建设促进了我国自主导航芯片的发展，同样导航芯片的发展也助力北斗系统产业链生态建设。

由于 GPS 系统发展较早，在大众应用市场占据先发优势，潜移默化中 GPS 已经成为卫星导航的代名词。但是，GPS 信号不等于卫星导航信号。在最新版的高德地图中，原先"GPS 信号弱"的语音播报已经改为"卫星导航信号弱"，画面显示"GPS 定位中"已改为"卫星定位中"，如图 7-12 所示。

目前，国产导航芯片会优先选择支持北斗系统，这样北斗系统的用户群体会不断扩大，助力推广北斗应用，构建完整健康的产业链生态。查看一部智能手机是否支持北斗系统，要看硬件也就是芯片是否支持。需要去官网上查看机型性能的介绍页面。例如，常见的国产手机华为 Mate 30 手机，在手机的定位详情功能介绍中，可以清晰地看到它所支持的定位系统包括我国的北斗、美国的 GPS、俄罗斯的格洛纳斯、欧洲的伽利略等，其他机型也是一样，如图 7-13 所示。

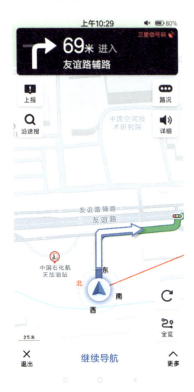

图 7-12 由 GPS 导航定位到卫星导航定位

如果你查询到自己的手机支持北斗系统，那么手机是否用上了北斗的信号呢？手机可以根据底层芯片的输出数据对导航系统进行选择，也可以根据搜索到的卫星导航信号的强度和数量进行导航系统的智能切换，如果你想看到手机里定位信号的数量和所属系统，需要下载一个专用工具软件，这样就可以实时看到连接的卫星信号强度、卫星的数量以及所属的系统，如图 7-14 所示。

图 7-13　查询手机对卫星导航系统的支持

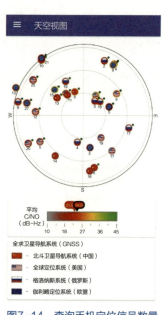

图 7-14　查询手机定位信号数量

随着北斗芯片小型化、低功耗、低成本、射频基带一体化等技术的不断发展，北斗芯片已大量嵌入到手机、车载导航仪等大众消费产品中，并呈现出与物联网、大数据、5G 通信、人工智能等新技术的加速融合发展态势。

据统计研究显示，截至 2019 年底，国产北斗兼容型芯片及模块销量已突破 1 亿片，季度出货量突破 1 000 万片。采用北斗兼容芯片的终端产品社会总保有量超过 7 亿台 / 套（含智能手机），北斗应用正在诸多领域迈向"标配化"发展的新阶段,如图 7-15 所示。

图 7-15　2013—2019 年我国定位终端产品销量图

国内卫星导航定位终端产品总销量突破 4.6 亿台,其中具有卫星导航定位功能的智能手机销售量达到 3.72 亿台,如图 7-16 所示,2020 年第一季度,在中国市场申请入网的智能手机中,超过 75% 的智能手机支持北斗定位。不知不觉中北斗已进入到老百姓的日常生活。

各类高精度接收机终端销量超过 20 万台/套。国产高精度板卡和天线销量占比分别达到国内市场总量的 30% 和 90%,并输出到全球一半以上的国家和地区。如图 7-17 所示。

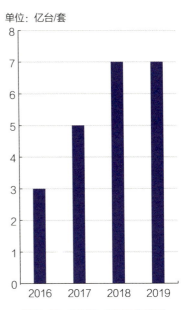

图 7-16　2016—2019 年我国采用北斗兼容芯片的终端产品社会保有量变化

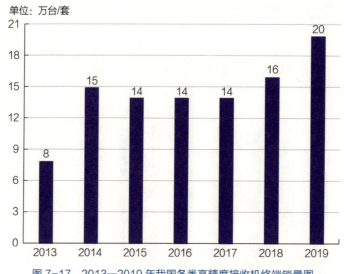

图 7-17 2013—2019 年我国各类高精度接收机终端销量图

奋进之路，进无止境。从卫星元器件、部组件、单机到北斗卫星，从天线、芯片、电路组件、基础软件和数据到北斗应用全产业链，北斗系统一路披荆斩棘，跨越一个个障碍，不断突破，实现了国家重大时空基础设施的完全自主可控。中国人终于用上了自己的北斗，我国卫星导航与位置服务也形成了完整的产业链，并在国民经济和社会发展的各个领域产生了显著的效益。

八、北斗应用只受想象力的限制

中国北斗这么牛，为什么生活中我却感受不到？事实是，你早已用上北斗，北斗已进入各行各业和千家万户。

北斗的应用

以手机为例，国内和国外大部分品牌的手机，在使用定位导航服务时，北斗都有参与其中。还有公交车、出租车、物流货车、渔船、"两客一危"（旅游包车、大客车、危险品运输车），以及一些专用车辆等也陆续加装了北斗兼容车载终端。在抗击新冠肺炎疫情中，北斗全面融入防控疫情的主战场，在火神山、雷神山医院建设中，北斗高精度定位确保工地大部分放线测量一次完成。

北斗应用只受想象力限制，只有想不到，没有用不到。这是北斗人常说的一句话，精辟地勾勒出了北斗应用发展的无限可能和广阔前景。

（一）北斗惠及各行各业

目前，北斗系统民用用户已经超过亿级，服务覆盖范围达到全球百余个国家和地区，在交通运输、海洋渔业、精准农业、通信时统、电力调度、金融系统、能源领域、救灾减灾、公共安全、城市治理等领域都有广泛应用。

音频8.1节

北斗的应用

1. 交通运输

交通运输主要包括公共交通、自驾出行、内河航运、远洋航海、航空运输等，如图8-1所示。

图 8-1 北斗系统广泛应用于交通运输

北斗系统已经与各类型交通工具密切结合，基于北斗的导航定位功能，人们可以便捷地查询公共交通工具的位置和预计到站时间，从而更合理地安排出行时间。选择自驾出行时人们可以实时查询前方路况，了解道路施工、拥堵、险情等信息，规划更通畅的行驶路线。内河航运船舶借助北斗可以准确获取附近有无其他船只，及时规避障碍。远洋航海、飞机起降与航行过程都离不开北斗系统定位导航，特别是在外部参照系很少或没有的情况下，卫星导航系统是轮船、飞机不可缺少的导航手段之一。借助卫星导航系统，人类的活动范围也越来越广，远洋深海、极地高原、万米高空乃至地外空间等生命禁区都已无法阻碍人们的脚步。

据交通部门统计，随着北斗系统应用的不断推广，相比 2000 年，近年来中国道路运输重特大事故发生次数和死亡人数大幅下降，如表 8-1 所列。

表 8-1　道路运输重特大事故发生起数和死亡人数

年份	车祸发生次数	车祸死亡人数	万车死亡人数
2000	616 971	93 853	14.7
2001	764 919	105 930	13.5
2002	773 137	109 381	11.9
2003	667 507	104 372	10.8
2004	517 889	107 077	9.9
2005	450 254	98 738	7.6
2006	378 781	89 455	6.2
2007	327 209	81 649	5.1
2008	265 204	73 484	4.3
2009	238 351	67 759	3.6
2010	219 521	65 225	3.2
2011	210 812	62 387	2.8
2012	204 196	59 997	2.5
2013	198 394	58 539	2.3
2014	196 812	58 523	2.22
2015	187 781	58 022	2.1
2016	212 846	63 093	2.1
2017	203 049	63 772	2.06
2018	244 937	63 194	1.93
2019	200 114	52 388	1.8

2. 海洋渔业

我国是渔业大国，海洋渔业水域面积 300 多万平方千米，从事海洋渔业的渔船与渔民众多。北斗系统是渔民永不熄灭的天际灯塔，主要用于渔船出海巡航导航、渔政监管、渔船出入港管理、海洋灾害预警、渔民短报文通信等等。特别是在没有移动通信信号的海域，北斗系统短报文功能使渔民能够通过北斗终端向家人报平安、传信息。

为提高海洋渔业安全通信保障能力,农业部自 2005 年开始利用北斗、海事等卫星构建全国海洋渔业安全通信网,对渔船进行船位监测,2012 年完成覆盖全国的渔船动态监管信息系统建设。多数沿海省市为渔船安装北斗船舶自动识别系统(AIS)等通导与安全装备。

基于北斗的渔船动态监控管理系统实现了政府管理部门、渔业生产企业的信息互联互通和共享,信息包含海洋天气、渔业行情信息等,有力地维护了国家海洋权益,保护了海洋生态环境,为政府提供了有效的信息化管理手段。同时监管部门收到紧急报警时,根据卫星定位遇险渔船的位置,及时告知附近的救援渔船,组织搜救,提升了相关部门的紧急救援能力,如图 8-2 所示。

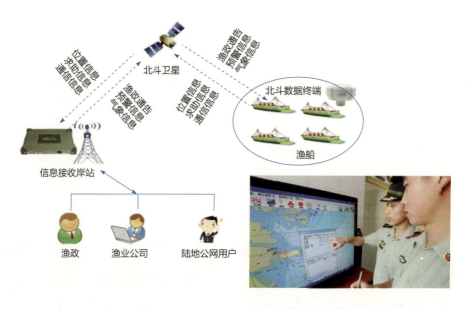

图 8-2 北斗在海洋渔业的应用

3. 精准农业

中国是农业大国,北斗卫星导航技术结合遥感、地理信息等技术,使得传统农业向智慧农业快速发展，显著降低了生产成本，提高了劳动生产率，增加了劳动收益。北斗系统可以服务于农业的耕、种、管、收等各个环节，主要包括农田信息采集、土壤养分及分布调查、农作物施肥、农作物病虫害防治、特种作物种植区监控，以及农业机械无人驾驶、农田起垄播种、无人机植保等，其中农业机械无人驾驶、农田起垄播种、无人机植保等主要应用了北斗高精度服务，如图 8-3 所示。

图 8-3　精准农业

2021 年 3 月，服装品牌 H&M 的一纸 "抵制新疆棉花" 声明，引发轩然大波，一时间关于 "新疆棉" 的新闻登上了各大网站的头条。新闻内容是部分西方媒体指责新疆、尤其是南疆地区存在大规模的利用 "强迫劳动" 进行棉花生产现象。而事实上，新疆的大部分大马力拖拉机都装有北斗 "自动导航辅助驾驶和作业系统"。按照播种要求，设置好机具偏移值、作业幅宽等数据，播种机就可以在北斗导航系统的引导下，按照规划路线自动驾驶，可实现一次性完成铺膜、铺滴灌带、播种、覆土等作业，场面蔚为壮观。到了棉花收获的季节，装有北斗系统终端的采棉机，能精准卡位棉垄，高效采收。管理农机的工作人员介绍采用这种方式，落花率降低很多，棉花采净率提高了3%。

图8-4　新疆棉花机作业现场图

随着我国棉花机械化采摘快速推广，新疆棉花机采率逐年上涨。采摘过程不仅实现了机械替代人力，配备了智能检测系统的国产采棉打包一体机也实现了采棉、集棉、打包、逐出和丢包一体化。

目前，高精度北斗导航自动驾驶系统运用累计数量已达2万台以上，用于农机精准作业监管的北斗终端数量超过8万台。以深松作业为例，2016—2018年，全国入网深松作业监测终端数量在6万台以上，业务关联20余个省级行政区，其中已有10个以上省份实现了北斗作业监测全覆盖，全国信息化远程监测深松整地年作业面积超过1亿亩。北斗系统有效地辅助农机精准作业和远程监管，大幅提高农机作业质量和农机装备智能化管理水平，实现农情监测与种、肥、水、药精准投入，节省人力约60%，节水 30%～50%、节肥 25%～45%、省药 20%～35%，增收 30%以上。

4. 通信时统

北斗系统可为通信网络提供十纳秒级时间服务，并可为通信同步网络内所有节点提供分级授时服务，满足不同终端的时间同步需求，使全网任意节点间的时间同步精度优于 30ns，并能通过中心或区域节点，监控全网节点的时间同步性能，为 5G 通信提供时间基准。

目前，基于北斗的 4G 通信基站时间同步设备，已成功应用于中国移动通信集团新疆有限公司、河南省电信公司的现网中（图 8-5）；基于北斗的 5G 通信基站时间同步设备，已在中国移动通信集团上海有限公司的现网中通过了入网测试，为其应用到 5G 同步网中拿到了入网通行证，并将伴随着 5G 的正式商用而进行规模化部署。

图 8-5　基于北斗系统的 4G 通信基站时间同步设备应用

下一步，我们将依托国家综合定位导航授时（PNT）服务体系建设，拓展标准时间纳秒级远程服务的应用深度和广度，为通信领域提供更高精度、更可靠的授时服务，助力我国时间频率"一张网"的形成。

5. 电力调度

电力传输时间同步涉及国家经济民生安全,北斗系统应用势在必行。电力管理部门通过使用北斗系统的授时功能,实现电力全网时间基准统一,保障电网安全稳定运行(图8-6)。主要包括电网时间同步、电站环境监测、电力车辆监控等应用,其中电力调度是基于时间同步的,迫切需要北斗提供高精度时间同步或精准授时。

图 8-6　北斗系统电站环境监测

基于北斗共视的智能电网时间同步系统，现已成功应用于国内上百家电网用户中，已部署各类时统终端产品及板卡 1 300 余套。北斗授时为电网广域分析的准确性、电力事件的可追溯性、电能计费的合理性提供了技术保障。

6. 金融系统

金融系统计算机网络时间同步，涉及国家政治经济民生安全，离不开北斗系统的保驾护航。金融管理部门通过使用北斗系统的授时功能，实现计算机网络时间基准统一，保障金融系统安全稳定运行。主要包括金融计算机网络时间同步、金融车辆监管等应用，如图 8-7 所示。

图 8-7　北斗系统金融领域应用

表面上看，金融系统与卫星导航系统是两个不同的行业范畴。实际上，卫星导航的高精度授时服务已成为金融系统运行的命脉。在金融领域，银行、保险、财政、证券、期货交易等诸多机构中，存在大量实时的交易数据、电子回单、电子对账单等电子化交易凭证，而此类电子文件要求具有唯一性、确定性和不可篡改性，可信的时间戳是其安全、可靠、有效的技术保障。尤其是跨国交易，由于汇率的波动性，必须在统一标准的时间框架下，才能准确、安全地进行金融结算。北斗系统授时能够提供纳秒级的高精度服务，是金融系统可靠运行不可或缺的重要保障。

目前，我国已完成多家金融机构系统时间的高精度时间溯源，部署授时终端产品 800 余套，实现了上述金融机构用时的安全可靠和自主可控。下一步,将继续大力推进北斗金融授时应用,在我国金融行业内实现时间体系的自主化。

7. 能源领域

北斗在能源领域主要应用于油气领域和矿产领域。

在油气领域,我们知道石油和天然气资源的主要传输方式为管道,随着油气运输管道里程的增加、管龄年限的增长,加之人为破坏和自然灾害等因素,油气运输管道面临巨大安全风险。北斗系统结合地理信息系统、计算机技术、传感器等,对管线网的工作状态进行实时全方位的测量和监控,为油气管道管理系统提供高精度的位置服务以及高效的数据传输服务,通过有效传输实时监控数据,及时发现安全隐患。

此外,在油气项目的勘探开发阶段,借助北斗增强系统的高精度位置服务,能够有效地减少勘探环节的外场作业量,提高作业效率。北斗系统还用于高精准燃气泄漏检测车,车上的天线用来接收北斗定位信息,车顶的超风波风速风向仪则判定燃气泄漏的方向,每天可检测100千米路段,工作效率提高10倍以上,泄漏检测灵敏度相比传统手段高出1 000倍,如图8-8所示。

矿产领域生产运营涉及勘探、爆破、采挖、运输等多个环节,安全生产是矿山生存和发展的基石,卫星导航技术是安全生产的保障,例如勘探环节的测量测绘,爆破环节的起爆点定位,采挖环节的机械控制,运输环节的特种作业车辆和矿车的调度等。

以露天矿山和排土场的边坡安全监测为例,传统的监测方法是基于光学进行定期测量,作业工作量大,且受天气、人工、现场条件等多方面因素的影响,不能有效、及时地掌握矿山的各项安全指标,无法全天候实时监测。

利用北斗系统的高精度定位技术，结合其他传感器技术构建实时、在线的矿山安全监测系统，可实时了解矿山重要区域的安全状态，及时进行预警和警报，为矿山的安全监测与安全生产提供有力保障，如图 8-9 所示。

图 8-8　北斗系统在油气领域应用

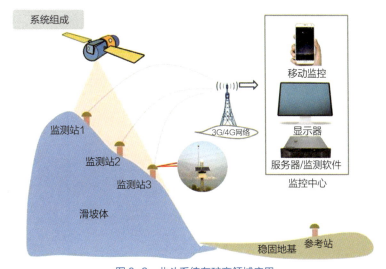

图 8-9　北斗系统在矿产领域应用

8. 救灾减灾

我国是一个自然灾害多发国家。北斗系统可应用于救灾人员与车辆监控、灾情信息采集报送、救灾物资管理与调运、现场人员应急搜救、灾害现场位置服务等多个方面。

救灾人员和车辆安装北斗终端设备，管理部门可以对救灾人员、车辆、物资等轨迹进行全过程跟踪与管理，提升物资调度效率，第一时间通过互联网、移动通信网络发布灾情信息，尤其是预警信息，有力保障人民的生命安全。

对于自然灾害严重地区，如果当地通信基础设施严重损毁，导致移动通信、互联网等手段失效，可通过北斗短报文终端提供通信服务，支持现场人员应急搜救，及时上报现场被困人员情况、发送灾情救助需求以及接收调度指令等；同时，北斗系统为灾害现场提供可靠的位置服务，为救援提供定位和通信手段，如图 8-10 所示。

图 8-10 北斗系统在救灾减灾中的应用

我国建设的北斗综合减灾应用平台，已于 2017 年投入试运行。各类用户终端总规模超过 4.5 万台套。通过"北斗导航定位＋移动互联网＋卫星通信＋地理信息系统"的融合应用，实现了减灾救灾业务系统在地面办公网、移动网的一体化运行，并形成了一系列行业标准，如图 8-11 所示。

图 8-11　北斗综合减灾应用平台

9. 公共安全

北斗系统开通运行以来，各地公安机关持续推进北斗系统应用于安防安保工作中，为公安、边防部队的常态化普查、高密度辅助巡逻、情报支持与共享、应急指挥与行动处置、重点区域风险评估等提供安全可靠的定位、导航与授时服务。此外，北斗系统授时功能实现了部省两级公安信息专网的时间同步；短报文服务实现公共网络无法覆盖的盲区通信，具备在特殊环境或重要事件时的应急通信能力。

在国家北斗系统标准体系框架内，公安部组织制定了北斗公安应用标准体系，其中包括 5 大类、19 项标准规范。为实现公安系统北斗应用体系化，公安部统一组织研发了警用综合执法北斗应用平台，该平台包含三个体系，分别是北斗警用位置服务系统、北斗警用短报文系统以及北斗警用授时服务系统。初步建成了部、省、市三级的北斗专用体系，提升了公安机关的指挥效率、公安民警的执法能力和应急处突通信保障能力。逐步形成了"全国位置一张图、短信一张网、时间一条线"的北斗应用体系格局。

10. 城市治理

随着经济的发展，城市人口占比逐渐增加，人口的聚集为城市的管理带来了巨大的挑战。面对居住拥挤、交通拥堵、管理困难等城市治理问题，需要精细化和智能化管理，而时空信息是精细化、智能化管理的基础，北斗系统为城市管理提供高可靠的位置、时间信息，保障城市高效有序管理与建设，科学应对突发事件。

北斗系统高精度应用已融合到公交领域，如北斗智能车载终端系统、公交实时信息发布系统、电子站牌终端系统和智慧评价服务系统。以公交实时信息发布系统为例，将北斗系统导航技术与无线通信、地理信息系统、大数据分析、云计算、自动控制等先进技术相结合，综合考虑公交车辆的运行特点，建立了基于北斗系统的综合公交信息发布系统。该系统支持万级电子站牌终端接入和实时状态监控，支持各主流智能手机平台大规模并发访问，满足特大城市公交电子站牌基础设施广泛接入，使公交实时预报准确率达到95%，极大方便了市民公交出行。该系统已用于很多城市，广大市民充分感受科技公交、智慧城市所带来的出行便利。

此外，北斗还应用于智慧环保、智慧防疫、智慧养老、平安校园等城市治理各个方面，如图 8-12 所示。2020 年新冠肺炎疫情期间，北斗精准时空信息服务为抗疫提供了"硬核"支持。基于北斗高精度服务的无人机抗疫平台,可以抵达防疫车辆无法抵达的地方,进行消毒喷洒,让防疫无死角,实现精准防疫,也让防疫工作更安全。同时,北斗高精度无人抗疫平台还承担了疫情知识宣传、定点巡逻、体温测量等大量工作。

图 8-12　北斗系统在城市治理中的应用

(二) 北斗飞入寻常百姓家

1. 手机导航

智能手机是卫星导航系统最大的大众消费领域,北斗系统在以智能手机为代表的消费电子市场具有非常广阔的应用前景(图 8-13)。早在 2018 年,工业和信息化部已组织北斗在智能手机中的应用推广。

音频8.2～8.3节

要想使用北斗系统的导航服务,手机用户仅下载导航软件是不够的,还需要手机内置芯片支持接收北斗系统的卫星信号通过接收北斗卫星导航信号,完成测量和位置计算,享受导航服务。

图 8-13 手机导航

在中国入网的智能手机里面,几大国产手机厂商的主流机型均已支持北斗卫星导航系统。早在 2013 年,三星就携手高通切入了北斗智能手机市场,当时推出具有北斗系统导航功能的手机引起了业界的极大关注。

目前,大多数手机支持导航系统选择,自动匹配当前最优的导航系统。也就是说,可以通过北斗卫星导航系统导航,也可以通过 GPS 导航,还可以兼容共用。

2. 车载导航

随着我国经济和人民生活水平的不断提升,我国居民汽车保有量增长迅速,同时前装导航功能的智能车载终端已经越来越普及,是卫星导航技术在车辆驾驶中应用的主要体现(图 8-14)。

据统计,每年我国乘用车辆出货量超过 2 000 万辆,其中越来越多的车辆将卫星导航作为前装功能。北斗系统可以大幅度提升车辆在城市合理规划路线过程中的导航性能。目前，北斗/GNSS乘用车前装智能车载终端推广近200万台，在国内10多个汽车生产企业30多个车型实现了批量应用。随着汽车对智能化要求的不断提升，车载终端的前装比例将不断提升，尤其在新能源汽车、辅助和自动驾驶汽车中，北斗/GNSS定位服务将成为标准配置，具有广阔的应用前景。

图 8-14　车载导航

3. 可穿戴设备

可穿戴设备是指直接穿在身上，或是整合到衣服或配件的一种便携式设备。可穿戴设备不仅是一种硬件设备，而且可以通过软件支持以及数据交互、云端交互来实现多种功能。随着人工智能（AI）、虚拟现实技术（VR）、增强现实（AR）等技术的不断普及，以智能眼镜、智能手表、智能手环等为代表的可穿戴设备正在极大地改变社会生活方式，如图8-15所示。

图 8-15　可穿戴设备

2011 年 1 月 18 日，第一只北斗卫星手表诞生。它采用卫星定位系统授时，与我国"北斗"卫星导航系统时时联动，时间精度可达毫秒级，远远低于人的体感时间。它不仅包含了国外卫星手表普遍具备的自动校时、定位等功能，还具备了高度计、指南针、气压计、天气预测等多种功能。

此外，儿童安全永远是家长最关心的问题，为守护儿童安全，北斗系统推广了儿童定位鞋子、防走失定位器等产品。

（三）北斗应用二十四小时

北斗应用无处不在，时时刻刻在您身边！

1：00　北斗系统为山区提供自然灾害预警

2019 年 10 月 4 日凌晨，甘肃发生雷暴、强降雨等强对流天气。盐锅峡镇居住上千户居民，部署在该区域的北斗大地监测设备监测到当地山体形变超过阈值，存在严重的山体滑坡风险。甘肃省相关管理部门收到山体滑坡预警后，及时将当地群众疏散到安全区域，确保了人民群众的生命安全。

2：00　北斗短报文服务保障渔民作业安全

北斗卫星为渔民点亮永不熄灭的天际灯塔。借助北斗短报文服务，在茫茫的海洋上，依然可以互致一份问候，报一份平安。船舶遇险，可以发送救援请求并报告位置，附近的各类型船只可快速展开营救。自北斗系统开通以来，已累计救助渔民1万余次，被渔民称为"海上妈祖"。

3：00 北斗服务为川藏线上的车辆领航

川藏线一路穿越无数高山，跨过无数河流，其绝美的自然风光吸引着无数旅行者。在旅行的路途上，北斗的领航服务是必不可少的生命保障。北斗服务助力旅友的脚步走得更远。

4：00 北斗服务为现代物流打上时代标签

作为新兴行业，物流业是现代化社会运转的重要一环。凌晨的中国，物流业依然繁忙。每一件物品的标签上都有着完整的物流信息，包括时间、地点等。北斗系统的定位授时服务是物流行业发展的基石。

5：00 北斗保障草原放牧

早上5点，辛劳的牧民们开始了又一天的放牧工作。现在有了北斗导航系统，牧民们坐在家里就可以查看牛群的去向。牛走丢了也不用担心，到北斗系统上查一查，就能找到牛儿去了哪里。

6：00 高铁起锚，北斗持续助力高铁运行

时至今日，高铁已成为中国创造的又一世界奇迹。每天六点左右，当日首班高铁列车出发，一直奔驰到午夜12点。北斗服务助力高铁运行管理，是高铁奇迹的幕后英雄。

7：00 北斗保障校车安全

一日之际在于晨，早上7点，安装了北斗系统的校车正穿行在各城市与乡村。校车承载的是中国的未来，而北斗为校车的安全高效提供有力保障。

8：00 北斗保障交通客运

早上8点，繁忙的一天开始了。这个时段是人们出行的高峰期，有乘

坐公共交通工具的，有自驾出行的，也有长途客运去往外地的。北斗系统为人们出行提供了诸多便利，路况信息查看、最佳路线规划、公交到站时间查询，都不在话下。

9：00　北斗保障土地勘探

工作时间，科考队员们正在青海进行土地勘探。精确测量地质地貌，绘制高精度的地理信息图册，都离不开北斗系统的高精度定位服务。

10：00　北斗保障森林巡逻

早上，黑龙江大兴安岭的森林巡逻队正行走在莽莽苍苍的群山中。有了北斗导航系统，巡逻队员们可以放心地走遍大兴安岭的每个角落，而不会迷失方向。

11：00　北斗服务智慧农业

北斗的精准定位服务是智慧农业实现无人机施肥、机械采摘和收割的巨大助力。在我国农业产业向机械化、信息化、智能化转型升级的征途上，北斗必将成为有力的助推器。

12：00　北斗保障民航服务

据民航部门统计，2020年五一期间，首都机场运送旅客近百万人次。旅客乘坐飞机出行的各个环节都有北斗服务的贴心保障：行李定点托运，航班飞行导航，飞机起落的精准定位。

13：00　北斗助力驾校考试更便捷

随着北斗高精度定位的普及，如今的驾校考试更智能、更便捷、更精准。同时，没有了人为因素的干预，考试过程与结果更透明、公开，更具公信力。

14：00　北斗+助力无人驾驶

北斗系统的高精度定位保障助力无人驾驶技术高速发展。未来的汽车工业，北斗+无人驾驶必将占据一席之地。

15：00　共享单车带来新的经济模式

共享单车解决了人们出行的最后一公里难题。在北斗系统的保障下，共享经济业已成为一种新颖、时尚的生活方式。

16：00　北斗助力远洋航行

随着北斗系统全球服务的开通，远洋出海已摆脱受制于人的窘境。如今，中国轮船畅行四海、通达五洲，都可使用北斗的优质服务。

17：00　晚高峰即将带来，北斗带你顺利出行

下午5点开始，各大城市的马路又开始繁忙起来。出行之前，打开手机地图，查看一下拥堵路段，规划行车路线已成为人们的必备之选。

18：00　北斗助力全球金融结算

金融业作为全球化程度非常高的行业，易受国际形势影响。下午6点，依然有无数人坚守。北斗系统的高精度授时服务为金融结算提供的标准时间，是波谲云诡金融形势下的定海神针。

19：00　北斗助力电力调度

夜晚时分，万家灯火。电力系统的运行负荷猛增，一旦有故障，将影响无数人的正常生活。北斗系统将持续为电力调度系统的正常运转提供精准的时间与空间服务。

20：00　北斗助力智慧城市

时空信息是智慧城市的核心信息基础。北斗助力的网上约车、移动支付、位置共享等构成了智慧城市运行的方方面面。

21：00　北斗助力科技行业

无人系统、大数据、物联网、区块链等新兴应用产业依然在持续运转，

是经济发展的新动力。北斗系统服务不间断的特性，必将为新兴产业发展提供源源不断的动力。

22：00　北斗助力夜间执法，守护安全

北斗系统开通运行以来，为公安部门的安防安保工作提供安全可靠的定位、导航与授时支撑服务。在北斗系统助力下，夜间出行更放心、更安全。

23：00　智慧生活

时间很快来到了晚上23：00，在外工作的父母也在思念着留守在家的孩子们。通过北斗系统，即使远在千里之外，父母也可以及时了解孩子的位置和动态。

24：00　北斗助力能源安全

夜深24：00，油田的工人通过北斗系统在站点监测管道状态，避免深夜现场巡检。我们知道管道是石油和天然气资源主要传输方式，随着油气运输管道里程的增加、管龄年限的增长，以及人为破坏和自然灾害等因素，油气运输管道存在巨大的安全风险隐患。

九、北斗走向世界

当今世界，北斗、GPS、格洛纳斯、伽利略四大卫星导航系统群星璀璨，全球导航卫星已逾百颗。北斗系统从区域到全球，秉承"中国的北斗、世界的北斗、一流的北斗"发展理念，不断推动系统国际化发展，务实开展国际合作与交流，与其他卫星导航系统相互兼容，共同发展。

如今，中国北斗已敞开胸怀，阔步走向世界。

（一）拓展空间频率轨位资源

导航卫星发射前，需要提前拿到"许可证"。这一"许可证"由国际电信联盟颁发，通过向电联申报并与其他系统协调，方可获得相应频率轨位资源的合法使用权。而国际电联分配给卫星导航系统的频率资源是有限的，这些有限的频率便成了世界各国必争的宝贵战略资源，堪称"太空国土"。

1. 北斗获取合法的频率资源

2007年4月17日20时左右，首颗北斗二号卫星向北京发回信号。而这一刻，距离向国际电联申请导航频率失效时间，剩下不足4小时。在最后时刻"压哨破门"，北斗系统跻身全球卫星导航俱乐部。

音频9.1 ~ 9.2节

（1）攻坚克难，赢得频率资源，守住"太空国土"

早期，北斗系统向国际电联（图9-1）提出频率申请时，导航领域的黄金频段——L频段早已被美国GPS和俄

北斗获取合法频率资源

罗斯格洛纳斯使用，北斗系统的卫星若要顺利上天，必须向国际电联申请导航频率使用权，同时要与其他各方进行协调。

2000年，我国提出导航卫星系统频率申请时，欧洲伽利略系统也在同步进行频率申请。虽然最终我国成功申报了频率资源，但国际电联有"先用先得"和"逾期作废"的规则，频率一经申请获得的有效期限为7年。也就是说，北斗卫星必须在2007年4月17日之前发射升空并成功播发导航信号，否则所申请的频率将作废。同时还需与其他系统完成协调，才能够进入国际电联的频率总表。

图9-1 国际电联（ITU）标志

根据当时各项计划安排，北斗系统卫星最早也要到2007年底才能发射，为了保住频率，就要把发射时间提前半年以上，这一场硬战在中国航天史上也是从未有过的。为此，全国300多家单位、10万余人被调动起来开展大系统协作，每颗卫星、每枚火箭成千上万个器部件，容不得半点瑕疵，可以说是背水一战，只许成功不许失败。2007年4月14日4时11分，肩负重要使命的首颗北斗二号系统卫星成功发射（图9-2），三天后卫星信号传回并被接收机成功接收，距离国际电联的"7年之限"仅剩不到4小时的时间，也正是在这一时刻，北斗成功占住了频率。摆满接收终端的操场上，所有的焦急等待都变为喜极而泣，北斗人最终赢得了"太空国土"，北斗系统获得了这个频率资源的使用权。

图 9-2　北斗二号发射现场图片

2. 积极拓展卫星导航新频段

2000 年，经过中欧的联合推动，世界无线电通信大会（WRC-2 000）为卫星无线电导航业务增加了 1 164 ～ 1 215MHz 频段的划分，但同时考虑到此频段已有航空无线电导航业务台站应用，为保护同频段的地面航空移动业务不受有害干扰，国际电联形成了 609 号决议：由已建设或计划建设卫星导航的国家和相关运营商共同磋商，定期召开会议。而这一磋商机制的实质，便是相关卫星导航系统国家之间对于 1 164 ～ 1 215MHz 频段频率资源的分配。

此后十余年间，北斗系统不断参与 609 决议磋商，积极参与协调。随着北斗系统的建设发展，部分设计参数相对于早期向 609 磋商会议提交的参数发生了改变，但北斗系统始终保持着在 1 164 ～ 1 215MHz 频段发射信号功率的份额，如图 9-3 所示。

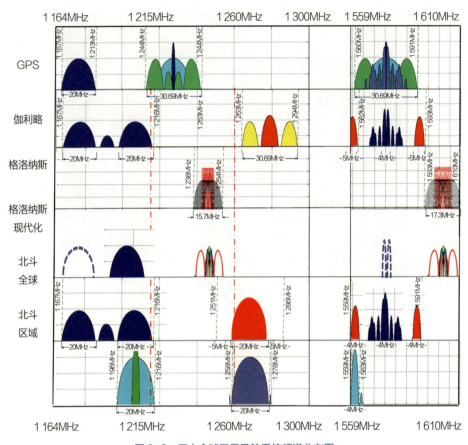

图 9-3 四大全球卫星导航系统频谱分布图

北斗系统专家在国际电联表现活跃,参与世界无线电通信大会,参加国际电联研究组、工作组活动,在会议和活动中发表我国的观点,将北斗系统的性能指标和保护标准纳入电联的相关建议书,同时积极申报北斗系统卫星网络资料。迄今,已向国际电联申报数十份网络资料,并与欧洲、美国、俄罗斯、日本、印度等 20 余个地区和国家及多个国际组织开展国际频率协调,就 200 多份网络资料开展协调。正是北斗人的积极拓展,为系统发展赢得了新的频率资源。

（二）共建全球卫星导航大家庭

随着世界卫星导航系统的建设发展，卫星导航由单一系统拓展到多系统时代。多系统的兼容与互操作，使得各系统逐渐明白一枝独秀不是春，各卫星导航系统需要在竞争中合作发展。特别是从 2008 年开始，各卫星导航系统之间加强兼容互操作合作，我国以与欧洲谈判为契机，与美国也同步开展协调，后续也逐渐与俄开展协调。随着兼容互操作工作的深入，北斗系统又逐步进入了全球卫星导航系统国际委员会（ICG）平台，北斗作为四大全球卫星导航系统核心供应商，已列入 ICG 章程，在国际多边舞台上，正与其他系统探索合作，共建全球卫星导航大家庭。

1. 加强卫星导航系统间的双边合作

（1）与俄格洛纳斯系统合作

中俄就卫星导航领域合作进行了多轮会谈与交流，在中俄总理共同见证下签署了《卫星导航领域合作备忘录》，在中俄总理定期会晤机制框架下成立了卫星导航合作项目委员会，围绕兼容与互操作、增强系统与合作建站、监测评估、联合应用等领域全方位构建战略合作机制。2015 年，双方签署并发布了中俄兼容互操作联合声明。2018 年 11 月，中俄签署了两国政府间合作协议，中俄卫星导航合作进入务实推动阶段。

（2）与美 GPS 系统合作

中美双方建立了系统间合作机制，明确了兼容与互操作、星基增强与民用、监测评估等合作领域，推进两系统合作。2017 年 11 月 29 日，在中国卫星导航系统委员会王力主席和美国国务院乔纳森·马戈利斯助理副国务卿的见证下，由中国导航系统管理办公室冉承其与美国国务院空间和先进技术办公室戴维·特纳签署了《北斗与 GPS 信号兼容与互操作联合声明》，如图 9-4 所示，这表明北斗和 GPS 在 ITU 框架下实现射频兼容，北斗 B1C 和 GPS L1C 信号实现互操作，用户在联合使用北斗 B1C 和 GPS L1C 信号时，无需显著增加成本，就可以享受到更优的服务。

图 9-4　中美签署北斗与 GPS 信号兼容与互操作联合声明

（3）与欧伽利略系统合作

基于早期中欧伽利略合作和中欧空间科技合作对话机制，中欧协商建立了系统间交流合作机制，召开了多轮兼容互操作工作组会议。2015 年，完成了两系统在国际电信联盟 ITU 框架下首轮频率协调。目前，针对两系统星座和信号的更新变化，双方正在开展进一步协调，如图 9-5、图 9-6 所示。

图 9-5　中欧兼容互操作工作组会议　　　　图 9-6　中欧频率协调

2. 履行全球核心供应商的大国担当

作为联合国专门负责促进、和平利用外层空间国际合作的机构，联合国外空司重视卫星导航发展，近年来持续组织系列卫星导航合作专题论坛、讲座、培训等，特别是针对发展中国家或地区，每年组织召开联合国全球卫星导航系统应用研讨会。每年一届的联合国外空委大会、科技小组会议上，均设有卫星导航系统议题。2005 年 12 月，为加强卫星导航系统间协调与合作，推动卫星导航全球化应用，依据 2004 年联合国大会第 59/2 号决议，外空司正式成立全球卫星导航系统国际委员会（ICG）。ICG 是政府间非正式组织，秘书处设在联合国外空司，会议文件编入联合国文件，设有供应商论坛，同时下设四个工作组。目前 ICG 已成为推动卫星导航领域协调与合作的重要平台。

我国作为 ICG 创始成员国与四大全球卫星导航系统供应商之一，持续参与跟进联合国平台活动，参与 ICG 有关会议。随着对 ICG 认识的加深，从最初的跟进了解，到积极参与，再到主动引导，我国在 ICG 的地位不断提高。2012 年、2018 年，我国分别在北京、西安成功举办了 ICG 第七届大会（ICG-7）、第十三届大会（ICG-13），并主导发布了北京宣言与西安倡议，积极促进 ICG 工作。

截至 2020 年，我国共有 6 位专家在 ICG 平台担任联合主席，如表 9-1 所列，推动了 ICG 机构改革，引导了兼容与互操作、干扰检测与减轻、GNSS 监测与评估、空间服务域等重点议题的发展，有力维护北斗系统权益，提升北斗系统在 ICG 平台话语权与主导力。

表 9-1　ICG 平台联合主席列表

平台	主席		
一、全体会议	主办国代表		
二、供应商论坛会议	本年度大会主办国代表	上一年度大会主办国代表	
三、工作组			
系统、信号与服务（S组）	美国	俄罗斯	
兼容与频谱保护子工作组	日本	欧盟	
干扰检测与减轻（IDM）任务组	中国	美国	
互操作与服务标准子工作组	中国	美国	
国际GNSS监测评估（IGMA）任务组	中国	国际GNSS服务组织	日本
精密单点定位（PPP）任务组	欧盟	国际GNSS服务组织	日本
GNSS性能提升、新服务与新能力（B组）	中国	欧空局	印度
应用子工作组	中国	日本	
空间应用子工作组	中国	美国	欧空局
信息分发与能力建设（C组）	联合国外空司	主办国代表	
参考框架、授时和应用（D组）	国际大地测量协会	国际GNSS服务组织	国际测量师联合会

2012年,在ICG-7大会上,时任国务院副总理刘延东出席大会开幕式并致辞,指出:"卫星导航系统已步入大交流大合作时代,加强全球范围内的协调合作,提高系统服务水平,是全球卫星导航大家庭的普遍共识和共同责任。应本着平等互利、合作共赢的原则,开展全方位、多层次、高水平的交流合作,形成资源共享、优势互补、共同发展的良好格局,让卫星导航系统更好地服务全球、造福人类。中国愿与世界各国一道,坚持开放合作,共享卫星导航发展成果,联合开展标准制定,加强多系统兼容,加强推广普及,拓展服务领域,促进卫星导航在全球的广泛应用,为促进全球经济发展、增强人民生活品质提供有力支撑。"

为进一步促进各系统加强兼容与互操作,我国推动形成了北京宣言,强调了"ICG在国际上发挥带头作用,促进将全球卫星导航系统服务应用于各种商业、科学和技术应用等方面","各供应商主办ICG大会证明了各自对于实现ICG宗旨的承诺,该承诺是加强协作并提高全世界对于全球卫星导航系统认识的基础",供应商论坛通过交流"增进当前及未来全球性和区域性天基系统的兼容和互操作"。联合国外空司时任司长称"中国在卫星导航领域发挥出领袖和榜样作用",大会现场如图9-7所示。

2018年,在ICG-13大会(图9-8)开幕式上,习近平主席发来贺信,指出:"卫星导航系统是重要的空间基

图9-7 成功举办ICG-7大会

设施，为人类社会生产和生活提供全天候的精准时空信息服务，是经济社会发展的重要信息保障。今年是联合国外空会议50周年，各国应该加强卫星导航领域的国际合作与协调，促进卫星导航全球化应用，推动卫星导航为人类福祉发挥更大作用。"习近平主席强调："中国高度重视卫星导航系统建设发展，积极开展国际合作。北斗系统已成为中国实施改革开放40年来取得的重要成就之一。今年底，北斗系统将面向'一带一路'国家和地区开通服务，2020年服务范围覆盖全球，2035年前还将建设完善更加泛在、更加融合、更加智能的综合时空体系。中国愿同各国共享北斗系统建设发展成果，共促全球卫星导航事业蓬勃发展。希望与会代表深化交流、集思广益，为全球卫星导航系统更好服务全球、造福人类贡献智慧和力量。"

图 9-8　我国举办 ICG-13 大会

习近平主席贺信指明了卫星导航发展方向，描绘了卫星导航发展蓝图。在习近平主席贺信精神指引下，我国利用主场优势，展示北斗系统建设应用成果，提出了卫星导航系统服务多样化的中国方案，维护和拓展了北斗系统发展权益,并对世界卫星导航前进方向做出中国判断,协调各方联合发布了共同发展下一代卫星导航的倡议,即西安倡议,指出:"全球卫星导航系统(GNSS)可以提供覆盖全球的民用定位、导航和授时服务。这些服务在精度、可用性和覆盖范围方面具有独一无二的优势。因此,对于大多数国家来说,GNSS现在是,预计将来也是其现有和未来PNT体系的核心要素。各供应商将继续推动民用GNSS服务的兼容、互操作和透明度,支持卫星导航系统技术创新。同时,考虑各自对陆、海、空天各类应用的需求,构建能够满足用户需求的PNT架构。各供应商将通过ICG和其他国际论坛继续紧密合作。"

ICG-13大会的成功召开,给各国参会代表留下了深刻印象,大会闭幕式上,参会代表全体起立鼓掌,向大会的完美组织与顺利召开致意,称赞ICG-13大会是完美的盛会。

北斗团队积极参与联合国GNSS应用研讨会,与发展中国家共同分享北斗/GNSS应用成果,推进与发展中国家卫星导航合作。持续与联合国外空司建立了良好合作关系,在外空司总部维也纳国际中心参加外空司展览,举办中国古代导航展,先后两次向外空司捐赠北斗卫星模型等,展品在维也纳国际中心永久展出,如图9-9、图9-10所示。

图9-9 向联合国外空司捐赠北斗卫星模型

图 9-10 在外空司举办中国古代导航展

北斗系统持续作为全球核心系统供应商之一，参与联合国平台卫星导航领域相关活动，体现大国担当与责任，不断为和平利用外太空作贡献。北斗系统在国际舞台的地位与作用不断凸显，已成为推动国际 GNSS 发展的核心力量之一。当前，北斗已迈入全球服务新时代，作为我国面向全球提供公共服务的重要空间基础设施，北斗系统持续为世界卫星导航事业发展助力添彩，为建设人类命运共同体、时空服务共同体贡献北斗力量。

（三）全球朋友圈不断扩大

音频9.3～9.4节

随着北斗系统从区域走向全球，其服务范围不断扩大。中国始终坚持北斗系统对世界的开放性，东盟、南亚、东欧、西亚、非洲陆续加入北斗"朋友圈"，成果共享，合作共赢。北斗系统服务于国际用户，国产基础产品已出口全球 120 余个国家和地区，基于北斗的土地确权、精准农业、数字施工、智慧港口等，已在东盟、南亚、东欧、西亚、非洲等得到成功应用，与"一带一路"沿线国家和国际组织的合作更加广泛。2020 年新冠疫情期间，与阿盟等北斗国际用户互致问候，不断加深与国际友人情谊。

1. 合作伙伴遍布全球

中国与巴基斯坦围绕卫星导航持续开展交流合作，在巴基斯坦建设 iGMAS 跟踪站、位置服务网，取得务实成果。2014 年，中巴签署卫星导航合作协议，完成第一批合作项目，目前正在围绕建设中巴经济走廊讨论第二批合作项目。中国与东盟间合作快速推进，以"东盟行"列入中国与东盟建立战略合作伙伴关系 10 周年庆祝活动为契机，赴泰举办东盟行活动，签署合作谅解备忘录，成果列入中泰经贸联委会第 3 次会议纪要。落实习主席"研究北斗落地阿拉伯国家"要求，与沙特、埃及等协商建立合作机制，签署合作文件，与尼日利亚等协商北斗增强系统合作方案。我国在金砖国家、上海合作组织等平台提出北斗合作倡议，北斗全球朋友圈不断扩大，如图 9-11 所示。

图 9-11　合作伙伴遍布全球

2. 北斗服务惠及全球

为共建"一带一路"，北斗系统根据不同国家不同行业的不同需求，提供定制服务，使北斗服务惠及全球。

2013 年，随着 500 余台高精度北斗终端在缅甸正式使用，北斗高精度产品首次在东南亚国家批量应用于农业数据采集、土地精细管理；2015

年，科威特国家银行总部 300m 高摩天大楼建设过程中，基于北斗高精度接收机实现了施工过程中垂直方向毫米级测量误差；2018 年，在马尔代夫阿拉赫岛海上打桩项目中，北斗系统为项目实施提供了全天候、高精度服务，实现了海上打桩智能化监控、可视化作业、高精度施工；在新加坡，基于北斗的高精度的静音打桩系统，可进行桩点精准管理，根据导航提示快速找到钻点位置，每个打桩点精度可达厘米级，同时大幅提高钻机钻孔速度；在柬埔寨，北斗高精度服务为柬埔寨政府部门综合规划、国土整治监控、基础设施建设、生态环境监控等提供了更加完整的基础信息资料；在老挝，北斗为其全国性土地确权工程放样、地形测图等各种控制测量提供了新的方法手段，逐步替代了传统全站仪作业的方式；在俄罗斯，北斗协助西伯利亚电力巡线现场人员与管理中心实现双向互动，及时发现设备缺陷和危及线路安全的隐患，保证输配电线路安全和电力系统稳定；特别是在中欧班列上装有北斗终端的集装箱，高精度定位导航功能让物流更便捷，实时记录列车及货品的运行轨迹，定位精度 10m 以内，实现全程跟踪无缝中转，实现了传统运输方式的升级与转型，如图 9-12 所示。

图 9-12 北斗服务惠及全球

此外，印度尼西亚、马来西亚、泰国等国家也正积极运用北斗系统探索智慧城市建设。

（四）积极进入国际标准

北斗系统国际标准化工作，是建设应用的重要内容和基础支撑。推动北斗系统进入以国际民航、国际海事、国际移动通信等为代表的国际标准框架，对于获得北斗系统在相关领域应用通行证，拓展北斗系统建设应用，加快北斗产业化、国际化具有重要意义，也充分体现了北斗系统作为世界卫星导航系统核心供应商的责任担当。

北斗走向世界

自 2010 年起，中国持续开展北斗系统国际标准化工作。发布了北斗系统规范性文件，全面开展了民航、海事、移动通信、接收机通用数据格式国际标准化工作，北斗系统成为国际海事组织认可的全球卫星无线电导航系统；北斗系统全球信号即将完成国际民航组织技术验证，进入国际民航标准；支持北斗二号信号的 20 余项移动通信标准发布，支持北斗三号信号的首个 5G 移动通信国际标准成功立项；通过国际电工委员会审议向全球发布首个北斗船载终端检测标准；开展北斗搜救载荷相关国际标准制定。

国际民航标准。民航作为一个高度全球化的行业，相关技术与行业标准均与国外同步，因此北斗系统要进入民航领域，首先要完成国际标准化，即把北斗的信号和设备终端写入国际民航组织（ICAO）行业标准中。2011 年 1 月，ICAO 第 192 次理事会以决议形式，同意北斗系统逐步进入 ICAO 标准框架。2020 年 11 月，ICAO 导航系统专家组第六次全体会议上，北斗三号系统 189 项性能指标技术验证全部通过，标志着北斗三号系统进入国际民航组织标准工作的最核心和最主要任务圆满完成，表明北斗三号系统为全球民航提供服务的能力得到国际认可，为全面推进北斗航空应用奠定坚实基础。

海事国际标准。2014 年，北斗海事国际标准正式进入国际海事组织（IMO）。同年 11 月，北斗系统成为继 GPS、格洛纳斯后第三个获得 IMO 认可的无线电卫星导航系统；2019 年，我国抓住星基增强服务进入海事组织的机遇，加入星基增强海上服务导则，与欧美共同制定海事 SBAS 标准。

移动通信国际标准。完成 26 项北斗二号信号国际移动通信标准的制定，包括独立定位和网络辅助定位功能系列相关测试标准；2020 年 7 月，首批支持北斗三号 B1C 信号的第三代合作伙伴计划（3GPP）标准正式发布，北斗三号的移动通信国际标准化推进工作取得重大突破。

中轨搜救国际标准。2018 年，国际搜救卫星系统（COSPASS-SARSAT）组织第 59 届理事会通过修订提案，北斗系统搭载搜救载荷已获得国际搜救卫星组织初步认可。同年，在 COSPASS-SARSAT 中轨业务的任务工作组会上，正式确认使用 1 544.21MHz 作为北斗搜救载荷的使用频率，第 1 批搜救载荷研制和在轨测试报告获得审核通过。

国际接收机标准。北斗接收机国际通用数据标准的制修订是北斗产业发展的基础性工作之一。我国专家陆续担任了国际海事组织无线电技术委员会（RTCM）SC-104 北斗工作组组长、RTK 工作组组长以及 RTCM SCM134 WG3 工作组主席，全力推进北斗接收机国际标准研究、拟定、审查工作。2016 年，首个全面支持北斗的接收机国际通用数据格式 RINEX 标准（3.03 版本）发布。2020 年 12 月，全面支持北斗全球新信号的 RINEX 3.05 版本经过 RTCM 与国际全球卫星导航系统服务局联合成立的 RINEX 工作组批准并发布，标志着北斗全球新信号完整进入 RINEX 标准，北斗全球新信号数据格式标准推进工作取得阶段性重要成果。

船载接收机设备检测国际标准。2019 年 10 月，第 83 届国际电工委员会

(IEC)大会(图9-13),首个北斗接收设备检测标准获得通过,北斗国际标准化工作取得重要进展。2020年3月,IEC正式发布首个北斗船载接收设备检测国际标准(IEC 61108-5),对于推动北斗全面进入船载综合导航系统、自动识别系统、全球海上遇险与安全系统应急示位标、电子海图和信息系统等相关IEC标准,持续推进北斗在国际海事领域的广泛应用,具有重要的意义。

图9-13　第83届国际电工委员会(IEC)大会

卫星导航系统是全球性公共资源,多系统兼容与互操作已成为发展趋势。我国将持续推动北斗系统国际化发展,积极务实开展国际合作与交流,加强与其他卫星导航系统的兼容互操作,按照国际规则合法使用频率轨位资源,持续推动北斗系统进入国际标准,积极参与国际卫星导航领域多边事务,大力推动卫星导航国际化应用,服务"一带一路"建设,与其他卫星导航系统携手,与各个国家、地区和国际组织一起,共同推动全球卫星导航事业发展,让北斗系统更好地服务全球、造福人类。

第三篇　时空服务赋能未来

十、梦想不止于此

北斗"三步走"发展战略已圆满完成,北斗系统向全球用户提供时空信息服务,性能一流、独具特色。北斗三号系统的建成开通,是我国攀登科技高峰、迈向航天强国的重要里程碑,是中国国家时空信息重大基础设施建设标志性战略成果,是我国为全球公共服务基础设施建设作出的重大贡献,对推进我国社会主义现代化建设和推动构建人类命运共同体具有重大而深远的意义。但这并不是结束,而是一个新的起点,梦想不止于此。

当前,我国北斗、美国 GPS、俄罗斯格洛纳斯以及欧洲伽利略四大全球卫星导航系统均已开通全球服务,印度 NavIC 和日本 QZSS 两大区域卫星导航系统也已开通区域服务,世界卫星导航进入多频多星座服务的全球新时代。在全球任何一个地方,可以观测到几十颗导航卫星,用户能享受的定位导航服务更加方便快捷。新时代蕴藏着新的挑战和机遇,为持续提升系统性能和竞争力,美俄欧等各主要卫星导航国家和地区瞄准更高服务精度、更加多样功能、更加可靠服务,正在着手开展新技术的研发和验证,规划新一代系统的建设,我国也在积极推动构建以北斗为核心的更加泛在、更加融合、更加智能的综合时空体系。

未来,综合时空体系将综合卫星导航、水下导航、天文导航、惯性导航等各种手段,融合 5G、大数据、人工智能

音频10.1节

梦想不止于此

出版社社标

等新兴技术，形成陆海空天室内室外无缝全域覆盖的时空信息服务能力，满足万物互联、万物智能时代的时空信息服务需求，支撑新一轮科技产业革命，赋能经济社会发展，为我国新时代"三步走"战略助力。

（一）应用大有可为——北斗赋能新应用、新产业

北斗系统是国家战略性新兴产业的重要组成部分，代表着新一轮科技革命和产业变革的方向，是培育发展新动能、获取未来竞争新优势的关键领域。随着北斗芯片、模组、终端等综合集成应用进程的加快，北斗与5G、人工智能、大数据、物联网、地理空间信息、区块链等新兴技术和产业的加速融合，将进一步丰富北斗应用体系，推进北斗新兴产业应用生态的繁荣。北斗高精度时

北斗赋能新产业

空信息基础服务，将成为助力国家新基建发展的新翼，促进北斗与5G、低轨卫星互联网等为代表的通信网络基础设施的集成与融合，与人工智能、物联网、工业互联网、云计算、区块链为代表的新技术基础设施的交叉赋能，与交通基础设施、能源基础设施等的融合应用。

1. 北斗与5G融合，提供发展动力新来源

北斗与5G移动通信是新基建的两大代表性领域。北斗系统能够同时提供位置、速度、时间信息，满足当前地表用户PNT服务最广泛的需求。5G通信技术是对4G的全面革新，技术指标提升催生新应用与新场景。5G相对于4G，在提升峰值速率、移动性、时延、频谱效率等传统指标的基础上，新增用户体验速率、连接数密度、流量密度、能效四个关键指标。北斗与5G移动通信融合，可以让广域或全球分布的物理设备，在时空感知的基础上具有计算、通信、远程协同、精准控制等功能，为实现万物互联愿景打下坚实基础。

北斗系统提供时空数据，5G 通信系统则协助实现智慧感知与传输。北斗系统与 5G 的结合，可以充分发挥北斗系统融网络、融服务、融终端、融应用的天然特性，实现北斗系统在信息领域深度应用。北斗系统授时可以提升 5G 通信基站网络安全性与可靠性，同时也可满足 5G 定位精度对 5G 基站时间同步的要求；北斗与 5G 蜂窝融合定位可以使室内外定位实现无缝切换，解决多径和遮挡严重情况下单独北斗定位位置偏差较大的难题，并可使定位精度达十米量级，定位服务连续性得到有效保障；5G 边缘计算平台可与北斗高精度服务结合，降低云端到终端的传输时延和终端计算负荷，并利用共建基准站为用户提供卫星导航辅助定位信息。

在可预见的未来，"北斗 +5G"将成为社会发展的重要基础设施与信息资源，共同为其他新兴领域提供有力的信息服务支撑。未来 3～5 年，基于"北斗 +5G"的市场空间将达 3 000 亿元以上的规模，5G 新兴技术将助推北斗产业走上新的台阶，实现共赢，如图 10-1 所示。

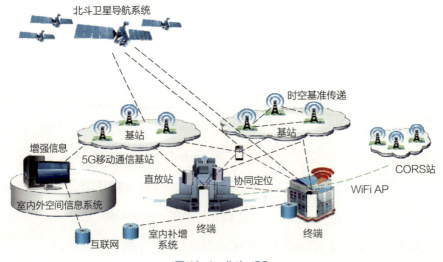

图 10-1　北斗 +5G

2. 北斗与人工智能融合，突破无人系统关键瓶颈

近年，无人系统发展迅猛，应用类型丰富多样。对于以无人机、自动驾驶、智能机器人等为代表的无人化发展，定位、应急通信是关键。北斗系统可以极大地提高定位精度，也能够为应急通信提供更为广泛的覆盖范围以及更强的可靠性。北斗地基增强系统能够为无人化发展提供精度约厘米级的实时位置服务；北斗短报文功能能够在突发事件时在没有移动通信信号的区域提供应急通信服务。

基于多传感器组合定位技术以及北斗高精度（精确性、连续性、可信性、完好性）服务技术，可为自动驾驶、农业无人机、巡检无人机、环保无人机、农业机器人、清扫机器人、割草机器人、画线机器人、巡检机器人等提供高精度的定位导航服务，可有效推进现代农业、智慧城市等的快速、规模发展。以智能网联汽车为例（图10-2），实时高精度位置感知是自动驾驶的前提条件。通过北斗高精度定位、人工智能、多源融合等技术，可实现毫秒级的时延和厘米级的定位。

图 10-2　国家智能网联汽车测试示范区揭牌仪式

最新的汽车防碰撞预警终端（图10-3），结合北斗定位和计算机视觉技术，定位信息每秒更新一次，与汽车连接可直接控制制动系统，提前完成对车辆、行人、道路标记的精准识别，若遇到危险能够直接刹车。未来，这

图 10-3 汽车防碰撞预警终端

款终端也将装载进智能网联汽车中，实现智能网联汽车领域的新突破。曾经只能在电影中看到的科幻片段，现在已经出现在我们的现实生活中。

3. 北斗与大数据融合，形成数字时代核心驱动力

近年来，大数据发展浪潮席卷全球，采集、处理、积累的数据呈现指数级增长态势。大数据中蕴含着丰富的规律性信息、趋势性信息和引导性信息，通过先进的数据分析技术，使得大数据隐含的价值得以显现。

大数据是互联网和移动通信时代的产物，"互联网＋"和移动通信等支撑着大数据，而大数据又支撑着其他的发展，有大数据的支持智慧城市才有可能有智慧。北斗系统的定位、导航、授时是大数据的基石，大数据中 80% 以上的信息挖掘都与时间和空间相关。如果数据发生在什么地方，发生在什么时间，呈现什么样的分布，我们一概不知，这样的数据是无法挖掘的。当今社会的一个重要特点是，全球、国家（区域）、城市、日常活动对时间和空间的依赖程度越来越高，时空大数据正日益成为现代化的核心驱动力。北斗系统可为各类信息在三维空间和时间交织构成的四维环境中提供高精度时空信息，实现统一时空基础下的感知、记录、存储、分析和利用。

在空间基准方面，大数据关联强调空间关联，重要信息和知识需要位置信息的支持。统一的空间基准是大范围在全球信息基础挖掘的重要支撑。在时间方面，时间节点是大数据动态分析的基础，是信息动态变化规律统计与分析的基础。无论是历史规律分析，还是未来趋势分析都需要基于统一的时

间尺度。北斗系统为大数据模型提供时间和空间基准，在时间和空间基准架构下，一般知道某一人或物的时间、空间变化，加上周围的环境，就可通过大数据分析得知其轨迹、速度、任务甚至优缺点。

可见，北斗系统是我国时间和空间服务的核心基石，它将支持我们国家大数据的使用和发展。

4. 北斗与物联网融合，催生万物互联新愿景

物联网是什么？

物联网，就是物物相连的互联网，如把销售人员、货物、快递员、货车、消费者等连起来形成快递物联网。通过把相关的物体和设备都联网，能够随时观测状态，监控运行情况并进行控制和调整。比如家中的水表电表联网，就可以通过网络终端查看用水用电情况，及时缴费甚至自动续费等。这样，就可以把现在许多需要人力完成的诸如抄表、巡视、看监控器等工作交给机器来干。

北斗和物联网有什么关系？

当我们要观测和控制一个物体的时候，首先要知道它是什么，在哪里。以集装箱为例，在每一个港口都摆放着成千上万个外形一样的集装箱，但装载的东西却完全不同。吊车手看错箱子并将之送上错误航船的情况时有发生，这叫做"错箱"。

有了北斗系统之后，只要在集装箱上安装一个小小的无线终端，把集装箱自身的编号和位置信息一起发送出去，人们就知道哪个箱子在什么地方。装卸和运输都可以准确而高效，大幅度降低了错箱率。这样的技术还可以实现无人码头和远程货物跟踪，只要给机器人起重机装上北斗定位终端（图10-4）。根据集装箱发来的位置，机器人起重机会按照程序自动执行装卸任务。机器人不会疲倦，不睡觉也不下班，港口可以24小时运行。而集

装箱出海之后,还可以继续通过北斗星座确定自己的位置,然后通过卫星通信或北斗短报文服务把讯息发送回去。

图 10-4　北斗 + 物联网

5. 北斗与地理信息融合,向三维实景加速升级

地理空间信息是国家战略性新兴基础支撑产业,正在向全三维、全要素、全空间的实景地理空间信息加速升级。基于北斗系统的三维实景地理空间信息(图 10-5),作为地理信息产业最主要的新兴发展方向之一,具有信息量大、效果逼真、更新快速、感受直观、虚拟现实、数字化管理等特点,近年来得到了国内外的广泛关注和应用。

图 10-5　基于北斗系统的三维实景地理空间信息

传统的地理信息数据依靠人员实地逐点采集，数据获取技术相对滞后，获取手段效率低下，获取装备不智能，获取成果仍为二维形式，不仅无法满足当前地理信息产业多样化、精细化、个性化的需求，更无法满足各行各业对地理信息日益增长的多层次需求。

基于北斗系统的三维实景地理空间信息，采用现代技术手段获取全三维、全要素、全地理空间信息数据采集，实现基础地理信息的多尺度融合和联动更新，是地理信息产业的主要发展方向之一。结合卫星导航技术：三维实景地理空间信息能够实现从二维到三维、从静态到动态、从事后到实时、陆海空全域空间一体化的三维实景地理空间信息数据获取手段的跨越；能够形成雷达、激光等多源数据获取体系，实现三维实景地理空间信息获取装备智能化；能够结合互联网、物联网、云计算等新技术，实现三维实景地理空间信息数据处理自动化；能够带动地理信息产业向智能、无人、全空间的全方位升级；能够形成可复制、易推广的应用示范方案，在智慧城市、数字孪生城市、应急救灾、现代物流、智慧海洋、环境保护、自然资源、无人驾驶、电力、林业、农业、金融等多个典型行业中落地。

6. 北斗与区块链融合，强化时空信息安全

随着社会的发展进步，产品质量安全风险的受关注度也大幅提高，消费者对产品"透明度"要求越来越高。在这一大环境下，对于各类生产行业而言，能否提供安全、实时监控及可追溯的产品，成为决定企业成败的重要因素。

现有质量安全溯源技术一般采用核心企业单一信息源，其数据可被篡改，导致事后监管形同虚设。依托北斗精准时空，可以解决产品安全监管与溯源难题，解决数据采集、上传与存储中的"时空不一致"问题。以北斗+区块链为核心的产品质量安全监管体系，可实现从代价高昂的事后监管到高效实

时同步监管的转变,最大程度减少企业经营和社会治理风险。

"北斗+区块链"技术融合,可以创造区块链链上链下"可信数据桥梁"。基于北斗系统稳定可靠的高精度授时特性,可有效保证链下采集物理信息的可信度,发挥链下链上数据可信协同能力,从而实现产品线下操作信息、精准时空信息、操作者身份信息、环境检测等信息的有效采集、关联与维护。

"北斗+区块链"技术融合,还可以强化数据隐私性。通过北斗+区块链终端硬件可信唯一性,结合区块链加密算法,可以有效实现不同信息实体之间数据的有效隔离和可控匿名,在数据共享的同时保证可控数据隐私,针对不同实体和监管方建立不同的数据权限体系,提供不同实体间、场景下的隐私性、适应性、可控性。

"北斗+区块链"技术融合,将转变传统溯源技术事后处置和事后监管的模式,形成过程中监管和溯源的新模式。借助区块链数据不可篡改的特性,可增强检测机构在质量监管中的中立性与公信力。通过联通全链条数据,可充分发挥政府部门、检测单位与消费者在过程中的主动性和监管能力,激活优良企业竞争力,提升消费者品质诉求,满足人民美好生活向往,构建更具活力的市场经济。

7. "北斗+"和"+北斗",让未来城市生活更加智能

智慧城市充分运用物联网、云计算、移动互联网等通信和信息技术手段,感测、传送、整合和分析城市运行核心系统的各项关键信息,对公众服务、社会管理、产业运作等活动的各种需求做出智能的响应,构建城市发展的智慧环境。面向未来还可以构建全新的城市形态。北斗的定位、导航和授时功能,为新型智慧城市的建设提供了空间和时间信息,高精空间信息使得新型智慧城市像素化,高精时间信息使得新型智慧城市坐标化。2019年2

月,自然资源部印发《智慧城市时空大数据平台建设技术大纲》,确定了时空大数据平台作为智慧城市建设与运行的基础支撑。智慧城市时空大数据平台作为智慧城市的重要组成,既是智慧城市不可或缺的、基础性的信息资源,又是其他信息交换共享与协同应用的载体。

目前,北斗系统在智慧城市建设方面发挥了重要作用,已在城市燃气、城镇供热、电力电网、供水排水、智慧交通、智慧养老等行业得到广泛应用,如图10-6、图10-7所示。未来,北斗服务的进一步普及和发展将有效推动智慧城市基础设施的优化和完善。

图10-6 北斗在智慧城市中的应用

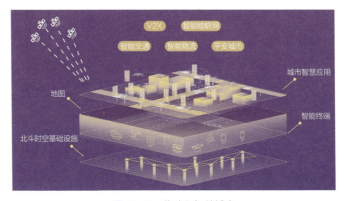

图10-7 北斗和智慧城市

（二）未来更加可期——构建综合 PNT 体系

1. 综合时空体系有望使 PNT 服务从近地空间拓展到人类活动全域

截止目前，人类获取时空信息的手段经历了自然地物导航、机械装置导航、无线电和惯性导航，再到卫星无线电导航四个阶段的发展历程。总体呈现手段种类日益丰富，服务性能不断提升的的发展态势，如图 10-8 所示。

当前，我们正处于以卫星导航为代表的第四个发展阶段，其主要特征是基于航天技术、信号处理技术、计算机技术、微电子／微机电技术等，解决了在全球地表及近地空间内普适性的低成本定位导航授时问题。

音频10.2节

图 10-8　时空信息手段发展历程

卫星导航系统的巨大成功，带动了 PNT 服务越来越深刻地嵌入到生产生活的各个环节。然而，随着社会经济的发展，各类用户对时空信息的需求不断提升，以无线电为媒介的卫星导航技术仍存在局限性（图 10-9），主要表现在以下方面。一是卫星导航信号是导航卫星和用户终端之间建立联系的唯一媒介，地面用户接收到的信号功率强度约为 10^{-16}W，相当于一个白炽灯泡在2万千米的高空照射地球，信号很容易受到干扰，在特定环境中，其可用性、正确性和连续性难以保证；二是卫星导航信号障碍穿透能力弱，容易受到阻断，在隧道、峡谷、密林、城市高楼、室内等区域，有时无法正常使用；三是卫星导航信号难以抵达深海、深空。

图 10-9　卫星导航技术局限性

世界各国在享受卫星导航带来巨大效益的同时，也不约而同地意识到其潜在的脆弱性，如果过分依赖卫星导航系统，一旦其受到干扰或阻断，将导致巨大的经济安全灾难。从导航技术与系统的最新发展动向看，定位导航授时手段的发展正在进入第五个阶段，主要特征是在继承既有手段的基础上，强化卫星导航系统的能力，发展新兴定位导航授时技术。面向各种场景下的定位导航授时需求，形成以卫星导航为核心、多手段互补融合的体系化手段。体系化定位导航授时手段的建立，势必极大地拓展定位导航授时服务的覆盖范围，从地表和近空间延伸至水下、地下、电磁干扰环境和物理遮挡环境；服务的便捷性、连续性、可靠性、精度等指标将明显改善，效费比将明显提高。

正是由于体系化手段的巨大潜在优势,建设PNT体系已成为国际上各卫星导航大国所关注的重点问题。美国早在2004年就发布了国家天基PNT政策,并将国家PNT体系(图10-10)定义为重要国家基础设施,目前已经制定了详尽的发展目标和计划,近几年更是密集发布PNT总统令和相关政策。欧盟在伽利略的初期设计中已经包含了PNT体系的主要特征,但后期受经费预算及管理体制的限制,不得不将工作重心集中在卫星导航方向。俄罗斯在研发部署新一代格洛纳斯卫星的同时,对其地基无线电导航系统进行升级改造,并开展利用陆基雷达信号实现导航功能的研究与协调工作,积极发展PNT体系。英国提出"弹性PNT体系"概念,主要包括"守卫"计划和"哨兵"计划。

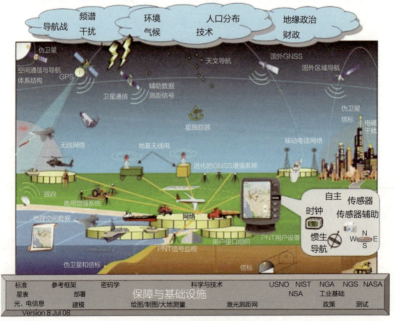

(a)2025年系统视角

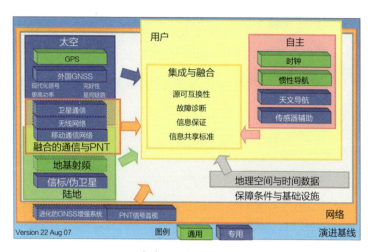

（b）2025年用户视角

图 10-10　美国国家 PNT 体系的基本设想

 2020年，时隔16年美国再次对天基PNT政策进行更新，并以国家《7号太空政策指令》形式专题发布

美天基PNT计划和活动制定行动指南，强调GPS及其增强系统更好地为美国国家和国土安全、民用、商业和科学目的服务，是军事系统的关键推动者，也是国家经济的驱动力

近年来，各类导航增强技术、Micro-PNT 技术、天文导航技术、水下导航技术等的快速发展极大地丰富了时空信息获取的手段和能力。在这种背景下，为更好地满足各类用户对定位导航授时服务的需求，继续拓展人类活动空间，需要进一步提升北斗卫星导航系统的能力，并统筹其他各类定位导航授时手段，及时引入新技术、新系统、新方法，形成综合时空体系，即综合 PNT 体系。

2. 综合 PNT 体系发展设想

2020 年，北斗全球卫星导航系统正式开通，北斗进入新的发展阶段。习近平主席指出："2035 年前还将建设完善更加泛在、更加融合、更加智能的综合时空体系。"当前，我国正在积极推动构建综合 PNT 体系。综合

PNT 体系将以北斗系统为核心，覆盖空天地海，显著提升国家时空信息服务能力，满足国民经济和国家安全需求，为全球用户提供更为优质的服务。综合 PNT 体系主要包括 PNT 能力手段建设、PNT 应用以及支撑保障等内容，如图 10-11 所示。

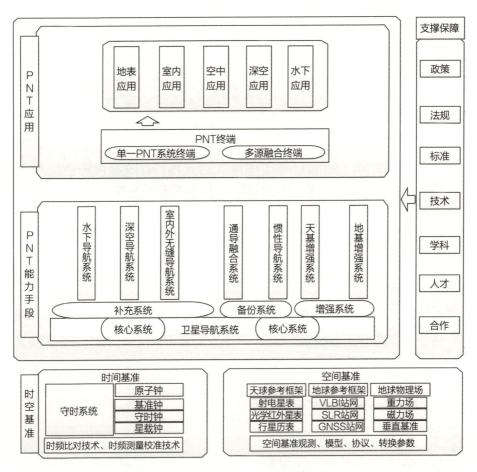

图 10-11　综合 PNT 体系构想

PNT 能力手段建设将以卫星导航系统为核心，融合各类补充、增强和备份 PNT 系统，向用户传递与播发各类定位、测姿、测向、授时等信息，为各类 PNT 终端提供基准统一的时空信息服务。

PNT 应用以各类导航定位授时用户终端为基础，覆盖地表、空中、深空、水下、室内以及水下应用领域，满足人类活动空间各类用户对 PNT 信息的应用需求。

支撑保障包括与 PNT 体系建设相关的法律、标准、技术、学科、人才、国际合作等内容，为体系的统筹、持续、高效发展及应用提供有力的环境保障。

此外，PNT 体系将溯源至国家时空基准，主要保证各类 PNT 技术手段与国家时间空间基准统一。

3. 综合 PNT 技术展望

未来，综合 PNT 体系将以卫星导航系统为核心，融合低轨、惯导、5G、水声、脉冲星等各种技术手段，形成全覆盖、高精度、高安全的时空基准能力，成为国家重大的战略基础设施。

（1）北斗：夯实 PNT 体系能力基石

当前，美、俄、欧等各主要卫星导航国家和地区瞄准更高服务精度、更加多样功能、更加可靠服务，正在着手开展新技术的研发和验证、规划新一代系统的建设。美国启动新一代 GPS III 部署，目前已经成功发射 4 颗 GPS III 卫星，并提供服务；同时，计划 2023 年发射导航技术试验卫星（NTS-3，GEO 卫星），验证弹性 PNT 新概念以及新型原子钟、高增益天线、高功率放大器等新技术，以及基于星间链路的本土操控和自主运行能力，并考虑在后续的 GPS IIIF 卫星上实施验证后的新技术。俄罗斯加速 MEO 卫星换代和能力升级，研制新一代的格洛纳斯 K2 卫星，并计划 2021 年开始发射，2030 年完成全星座替换部署；同时拟增加 IGSO 和

GEO卫星，构建混合星座强化区域能力。欧洲伽利略将逐步增加公开服务信息认证、商业授权服务信息认证、紧急告警、全球20cm精密单点定位服务等，覆盖高安全、高精度、高效信息播发等不同范畴，以满足各类用户多样化需求；同时，研发第二代伽利略（G2G）系统，计划2035年完成部署。从世界主要卫星导航系统最新发展情况来看，各卫星导航国家和地区对GNSS系统的重视与日俱增，加速谋划系统能力升级换代，加快部署新技术、新卫星、新服务，总体呈现以下新的趋势和特点。

一是高精度和高完好的民用服务逐渐成为系统标配。各系统通过增加卫星数量、配置更高性能原子钟、扩展监测站数量和范围、升级完好性监视告警技术，不断提升定位精度，并保障用户安全可靠应用。二是多服务、多功能高度聚合成为竞技新方向。为更好满足多元化用户需求，多功能高度聚合、提供特色服务，已成为未来赢得用户新的着力点。三是构建弹性体系成为GNSS发展新要求。弹性是PNT体系的主要特征之一，卫星导航系统作为综合PNT体系的核心，更应该具备弹性特征，以实现体系的可靠安全。通过高中低轨混合星座、高速星间链路等手段构建弹性体系，提升系统的安全性和服务可用性。

北斗系统是综合PNT体系的核心。一方面，在可预见的未来，卫星导航系统仍然是为各类用户提供高精度、低成本PNT服务，满足最大共性需求最重要的手段。另一方面，卫星导航系统可在其覆盖范围内为其他PNT技术提供统一的时空基准和准确标校，没有卫星导航，将难以构建PNT体系。根据对北斗系统在综合时空体系的定位及卫星导航技术发展趋势，未来北斗系统将进一步提升定位授时精度、服务安全性、系统健壮性，持续发展特色服务，满足各类用户不断发展的时空信息需求，实现与其他PNT技术手段的融合与协同工作。

（2）北斗+低轨：全球近实时高精度

当前，低轨星座发展如火如荼，低轨星座以廉价、功能丰富等独特优势逐步受到世界卫星导航领域的关注和青睐，有望成为新一代卫星导航系统发展的新增量。

与中高轨卫星相比，低轨卫星具有距离地面近、运行速度快、造价和发射成本低这三大特点。综合利用低轨卫星星座几何图形变化快、落地信号功率强、全球天基监测覆盖、快速组网发射等特点，可对中高轨全球导航卫星系统星座进行有效增强和备份，有望在较短的建设周期内全面提升全球定位、导航与授时服务的精度、完好性、可用性和抗干扰等能力。

① 助力提供全球准实时高精度服务

目前，随着行业和大众高精度应用需求的日益增加，欧洲伽利略、日本 QZSS 和我国北斗系统均内嵌 PPP 服务。然而，通过中高轨卫星提供的 PPP 服务，因其轨道变化慢，收敛时间通常为 15～30min。虽然日本 QZSS 系统采用 PPP-RTK 技术，将 PPP 服务的收敛时间缩短到 1min 以内，但需要大量高度密集的地面监测站支持，仅日本国土范围内就需要建设上千个监测站。而低轨卫星相同时间内划过的天空轨迹更长，几何构型变化快，有望从根本上解决 PPP 服务中载波相位模糊度参数收敛和固定慢的问题。以北斗和低轨星座为例，相关研究表明，在百余颗低轨卫星的支持下，北斗+LEO 全球 PPP 服务收敛时间可缩短到 1min 以内，用户可准实时获取高精度服务。

② 助力提供全球高完好性监测服务

完好性服务是指在导航卫星发生故障和风险时及时向用户告警，以提高用户使用 PNT 的安全性，对民航、铁路、自动驾驶等涉及生命安全用户来说尤为重要。通过低轨星座的 GNSS 全球天基监测网，可实现对导航卫星完好性的天基监测，而且低轨星座的轨道特性，使其不受电离层和对流层影响，多径影响也比地面小，可提升对导航卫星完好性的监测能力。未来，用户对星基增强系统服务的需求将不仅满足于区域，而是向全球扩展。低轨星座的全球覆盖特性，使其天然具备播发全球完好性服务的能力。

③ 助力构建 GNSS 全球天基监测网

一般来说，GNSS 需要全球分布的地面监测站进行观测支持，美国、俄罗斯和欧洲基本都采用全球建站的途径来满足全球连续观测要求。美国 GPS 系统监测站大都分布在赤道附近，包括科罗拉多、迪戈加西亚、阿森松、卡瓦加林、夏威夷 5 个监测站；俄罗斯东西跨度大，基本可解决格洛纳斯系统全球观测问题；欧洲伽利略系统可以在海外建站，实现全球观测。我国的北斗卫星导航系统当前主要立足国内建站，通过星间链路实现全球观测和运行支持。低轨卫星星座可助力北斗系统的全球天基监测，实现对北斗卫星导航信号的全球高质量监测。

相比于地面监测网络，低轨卫星对导航信号的观测受电离层、对流层、多径效应等影响小，跟踪弧段长，覆盖次数多，作为 GNSS 的高精度天基监测站，可极大改善观测几何，削弱切向轨道与相位模糊度的相关性，提高导航卫星轨道和钟差精度，并有效弥补地基监测网在空间覆盖上的不足，实现全球高质量监测。另外，加入低轨全球天基监测网，北斗卫星定轨精度有望提升 1 倍以上，可有效提升系统的时空基准精度。

④ 实现通导融合备份 PNT 能力

利用低轨通信卫星进行定位导航授时，可以拓展定位导航授时的频段资源。国际电联规定，在分配给卫星导航的无线电频段中，信号落地电平被严格地控制在较低的电平范围内，且频段资源已非常拥挤。利用低轨通信卫星，可以在通信的频段上进行定位导航授时，落地功率将大幅提升，且符合国际电联规则。

（3）北斗+惯导：实现无线电遮挡和干扰免疫

惯性导航系统能够提供不依赖外部的自主定位导航手段，具备全域覆盖、不易受干扰的特点，可以作为备份手段弥补卫星导航系统易受干扰以及在复杂环境下的覆盖空白。同时卫星导航系统可以作为惯性导航系统精确的外部标校手段，消除惯性导航系统积累误差，提升惯性导航系统的定位精度。

惯性导航系统的基本原理是以牛顿力学定律为基础，通过测量载体在惯性参考系上的加速度和方向，并将加速度对时间积分，从而得到载体的速度、方向、位置等信息。已知载体在某一时刻的初始位置，根据运动方向和运动速度可以推算出载体在当前时刻相对于起始位置的坐标差，进而计算出载体当前的位置，然后再从当前时刻的位置出发推算出载体在下一时刻的位置。惯性导航系统基于相对位置推算，其中速度乘以时间就等于该方向上的运动距离，其基本原理如图 10-12 所示。

惯性导航系统不受地形、地势、城市高层建筑、外界电磁环境干扰等因素的影响，并且随着微机电技术的发展，其体积越来越小，如

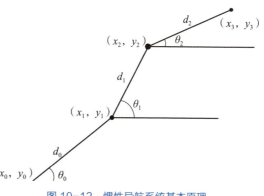

图 10-12　惯性导航系统基本原理

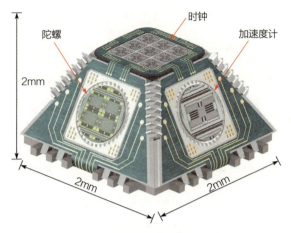

图 10-13　微型化惯性导航器件

图 10-13 所示；北斗卫星导航系统则具有精度高，服务覆盖广等优点。融合北斗高精度卫星定位和惯性导航技术，可实现组合导航，大幅提高定位导航的鲁棒性。

以大家熟悉的车载导航为例，北斗+惯导适用于各种形态车载终端导航系统，在高架遮挡、山间隧道、城市峡谷、地下停车场等弱（无）卫星信号覆盖场景中，仍能通过惯性导航提供连续可靠的高精度定位导航体验。常见的组合导航定位有切换式组合和数据融合滤波两种方案。切换式组合方案对车载导航设备的两种模式进行选择，当卫星导航信号有效时选用卫星导航模式，当卫星导航信号受到遮挡短时不可用时采用惯导模式。切换式组合方案简单易行，计算量小，可以解决车辆在卫星导航信号短时下降或失效时的定位问题，但是切换式组合方案未将卫星导航系统和惯性导航系统信息融合在一起，不能完全发挥两者的优点。

数据融合滤波方案（图 10-14）利用数据滤波方法将两种系统数据信息融合，同时用于定位求解的计算中，并使惯性导航系统的状态在滤波过程中不断得到修正。同时，组合定位的输出又可为惯性导航系统提供精确的初始位置和方向信息，从而实现在卫星导航定位信号质量下降或失效，单独使用惯性导航系统定位时也能保持较高的定位精度。

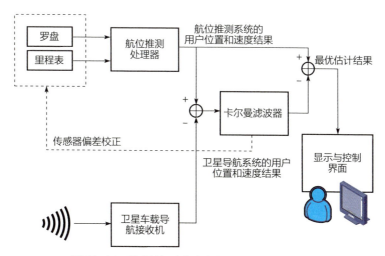

图 10-14 带有数据融合滤波算法的车载导航原理图

（4）北斗+5G：室内外无缝定位

随着人们对便利生活要求的不断提高，室内定位与导航需求日益增大。如在大型商场，用户可通过位置信息获得路线指引和商品信息，提高购物体验；在社交中，人们通过共享位置更快地找到朋友；在医院、车站、机场等公共场所，通过服务器上的位置监测可快速定位需要帮助的人所在位置。另外，在"互联网+""中国制造"、移动通信、电子商务的牵引下，室内外无缝位置服务已成为战略新兴产业的重大需求，是国际科技经济竞争焦点。

室内定位技术主要包括红外线、超声波、蓝牙、WiFi、射频识别（RFID）、Zigbee、UWB、5G等技术，呈现百花齐放的状态。室内定位主要的问题点在于投资和运营成本。借助5G移动通信网络大规模部署的机遇，与北斗系统一起，有望实现天地一体、低成本、高精度的室内外无缝定位，各种室内定位手段如表 10-1 所列。

表 10-1　各种室内定位手段

技术方式	定位原理	室内定位精度/m		特点	成本	范围
		视距	有障碍物			
红外线	TOA	5～10	无法穿透障碍物	直线视距，短距离	高	小范围
超声波	TOA	0.05～0.14	穿透障碍物能力弱	短距离，密集节点	极高	极小范围
蓝牙	RSS	2～4	4～6	短距离，易受干扰	高	小范围
WiFi	RSS	2～3	6～10	数据库采集工作量大	高	小范围
Zigbee	RSS	3～5	10～15	需集成特定模块	高	小范围
RFID	RSS	1～3	5～8	短距离，不易集成	高	小范围
UWB	TDOA/AOA	0.15～0.3	4	非视距影响大，频谱占用宽	高	小范围
5G	TDOA/AOA	优于1		复杂多径、非视距环境	低	广域

北斗+5G融合泛指卫星导航与地面移动通信在技术标准、基础设施和应用终端各层面深度融合，具体体现在以下三个方面：5G用北斗、5G强北斗和5G定位授时。5G用北斗是指北斗系统可为数百万移动基站提供高精度时间和位置服务，实现移动通信系统时空信息的自主可控。5G强北斗是指借助海量基站和大带宽通信资源，播发北斗导航电文和增强信息，可极大提升北斗服务性能，实现用户快速（首次定位时间由30～60s缩短为5s内）、高精度（由米级提升至分米、厘米级）定位。5G定位授时是指利用海量基站（室内、室外）播发信号实现导航定位与授时，且由于移动通信信号电平远高于北斗信号，室内外均可服

务，弥补了北斗信号在城区和室内覆盖性的不足，与北斗形成了良好的互补。

（5）北斗＋水声：将时空信息服务扩展到水下

2000多年前的古罗马哲学家西塞罗说："谁控制了海洋，谁就控制了世界。"为水下设备提供精确的空间和时间是控制海洋的法宝。目前，卫星导航系统播发的L频段信号无法在水中传播。也就是说，北斗、GPS、伽利略、格洛纳斯等卫星导航系统在水下都是无法直接使用的。

声波是目前已知的唯一能够在水中远距离传播的波动，水声学随着海洋的开发和利用逐步发展起来，得到了广泛的应用。传统的水下航行器主要应用惯性导航和水声导航。惯性导航存在固有缺点，即定位误差随着时间积累，也就是说时间越长误差越大，因此需要定期校准。为了提升水下航行器惯性器件定位的性能，经常将潜航器定期浮出水面获取北斗系统信号进行位置校准。目前常用的水声导航包括超短基线、短基线、长基线等水声有源定位技术，但这些方法获得的是水听器（接收声信号的设备）相对于水声发射换能器（发射声信号的设备）的距离，要想获得在地球上的绝对位置，需要水声设备在水面以上通过北斗系统获得时空基准后才能计算出来。

通过在水面布设浮标的方式获得北斗导航服务建立时空基准，在水下通过水声或蓝绿激光（尚未应用）等方式测得与水面浮标的距离以及时间信息，可实现水下载体的导航授时。将北斗定位技术和水声定位技术有机结合，实现北斗高精度定位技术的水下延伸，有望实现重点海域水下载体高精度定位导航功能，并可在复杂海洋环境中为水下平台提供无须上浮的持续可靠水下精确导航定位，具有十分重要的社会意义和应用

图 10-15　北斗 + 水声

前景（图 10-15）。

（6）北斗 + 脉冲星：深空旅行不再是梦想

2021 年 2 月，美国"火星 2020"任务中的毅力号火星车成功着陆在火星表面的杰泽罗陨石坑。2021 年 5 月 15 日，我国的"天问一号"也已经成功着陆于火星乌托邦平原南部预先着陆区。深空探测已成为新世纪航天探索的热门领域，并呈现探测目标多元化、探测形式多样化及国际合作更加广泛的特点。而导航授时服务是深空探测任务取得成功的前提和保障。目前深空探测采用的导航手段以惯性导航及甚长基线干涉测量技术（VLBI）为主，惯性导航的积累误差问题，使得导航精度难以保障，而 VLBI 技术需要地面大型设备获取探测器位置后通过地面发送给探测器，距离越远时间延迟越大。亟需一种能够在深空探测器上自主的高精度导航手段。

随着航天器轨道高度的增加，北斗卫星导航信号无法覆盖，采用 X 射线脉冲星导航是辅助航天器位置确定（定轨）的一种方法。

脉冲星作为一种天然的信标，被誉为"宇宙的灯塔"，可以作为北斗系统卫星导航的理想参考信标之一。如图 10-16 所示，北斗卫星 1 可以通过地面站导航，北斗卫星 2 由于地球遮挡不能通过地面站导航，但是这两颗卫星可以同步观测脉冲星 1，得到各自的观测脉冲轮廓，通过与标准脉冲轮廓比对得到各自的脉冲到达时刻的相位，地面站测得北斗卫星 1 的位置，通过信息链路将北斗卫星 1 的脉冲到达时刻与位置传输到北斗卫星 2 上，两脉冲到达时刻相比较得到两到达时刻的相位差，这个差值即反应了两颗北斗卫星的相对位置，同时观测三颗以上的脉冲星，通过求解脉冲到达时刻相位的整周模糊度，即可得到北斗卫星 1 相对于北斗卫星 2 的位置。

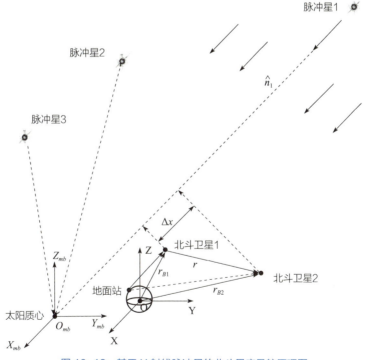

图 10-16　基于 X 射线脉冲星的北斗星座导航原理图

此外，脉冲星属于高速旋转的中子星，具有极其稳定的周期性，被誉为自然界中最稳定的天文时钟。毫秒级 X 射线脉冲星可以提供长期稳定的时间差测量，而星载原子钟具有较高的短期稳定度，因此利用观测到的脉冲星信号辅助北斗卫星原子钟可以提高授时精度。

X 射线脉冲星导航是一种新型的全源自主导航方式，可以为近地轨道、深空和星际空间飞行的航天器提供高精度的位置、速度、时间和姿态等导航信息。但是对于近地导航而言，因地球、月球等天体对脉冲星的遮挡，航天器不能接收到脉冲星信号。

X 射线脉冲星导航采用测距导航方法，原理是：航天器接收到 X 射线脉冲星发射的脉冲信号的时间 t_{sc} 与相位时间模型预报的脉冲到达参考点（通常取为太阳系质心）的时间 t_r 之差，乘以光速 c，即为航天器至参考点的距离 r 在脉冲星方向 n_p 上的投影长度。由此可确定航天器所在的一个平面，如图 10-17 所示。当有 3 个不同方向的 X 射线脉冲星观测时，可通过几何解算的方法获得航天器的空间位置。

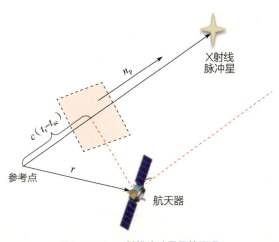

图 10-17　X 射线脉冲星导航原理

2004 年，欧空局启动"欧空局深空探测器脉冲星导航研究计划"，并发布了《基于脉冲星时间信息的航天器导航可行性研究》技术报告，指出了脉冲星导航应用于大型航天器的可行性。同年，美国国防部提出了"基于 X 射线源的自主导航定位验证"计划，但该计划执行至 2006 年便遭到了搁置。美国国家航空航天局（NASA）于 2007 年全面接管了该计划的相关研究成果及设备，并继续开展相关工作。

2017 年，NASA 宣布完成了世界首次 X 射线脉冲星导航空间验证，证实了毫秒脉冲星可用于精确的空间导航，本次试验最高的定位精度约为 5km。

国内对脉冲星导航的研究起步相对较晚，2006 年针对脉冲星导航中的时间转换、基本原理及工程意义开展了研究，初步验证了脉冲星导航的可行性。2016 年 11 月，我国发射了脉冲星导航试验卫星（XPNAV-1），验证了 X 射线脉冲信号的探测性能。2019 年，中国科学院高能物理研究所团队宣布利用我国首颗 X 射线天文卫星"慧眼"开展了 X 射线脉冲星导航试验，定位精度达到了 10km 左右，进一步验证了脉冲星自主导航的可行性。尽管我国对脉冲星导航的研究起步相对较晚，但针对脉冲星导航系统的各个方面的研究都取得了较为丰富的成果。

综合 PNT 体系建设任重道远。以北斗系统为核心，通过融合各种补充、备份和增强手段，将建成基准统一、覆盖无缝、安全可信、高效便捷的综合定位导航授时体系，满足未来经济社会发展和大众对时空信息的需求。未来建设完善综合 PNT 体系，既需要在顶层加强总体规划、统筹协调和综合集成，也需要我国科技工作者不断探索、追求卓越与努力前行！

仰望星空，北斗璀璨；脚踏实地，行稳致远。北斗发展之路，是中国卫星导航从无到有、从有到优、从优到强的自主发展之路，是从学习追赶到比肩世界一流的创新发展之路。北斗系统已正式迈入全球服务新时代，以崭新的姿态走向世界天基 PNT 舞台。

探索浩瀚宇宙，发展航天事业，建设航天强国，是我们不懈追求的航天梦。今天，我们比历史上任何时期都更接近中华民族伟大复兴的目标，比历史上任何时期都更有信心、有能力实现这个目标。挥别北斗几十年建设发展历程，展望承载民族复兴的中国梦、航天梦、北斗梦，北斗人将秉承"自主创新、开放融合、万众一心、追求卓越"的新时代北斗精神，乘势而上、砥砺奋进，确保北斗系统稳定运行，推广北斗产业应用，建好建强国家综合PNT体系。

征途漫漫，唯有奋斗！长风破浪会有时，直挂云帆济沧海！